LOCUS

LOCUS

LOCUS

LOCUS

touch

對於變化，我們需要的不是觀察。而是接觸。

a ***touch*** book
Locus Publishing Company
11F, 25, Sec. 4 Nan-King East Road, Taipei, Taiwan
ISBN 986-7975-69-3 Chinese Language Edition

Work 2.0

January 2003, First Edition
Printed in Taiwan

才產 2.0

作者：比爾．簡森（Bill Jensen）
譯者：林宜萱
責任編輯：林毓瑜　美術編輯：謝富智
法律顧問：全理法律事務所董安丹律師
出版者：大塊文化出版股份有限公司　e-mail: locus@locuspublishing.com
臺北市105南京東路四段25號11樓　**讀者服務專線：0800-006689**
TEL:(02)87123898　FAX:(02)87123897
郵撥帳號：18955675　戶名：大塊文化出版股份有限公司

總經銷：大和書報圖書有限公司　地址：臺北縣三重市大智路139號
TEL:(02)29818089（代表號）　FAX:(02)29883028　29813049
排版：天翼電腦排版印刷股份有限公司　製版：源耕印刷事業有限公司
初版一刷：2003年1月

定價：新台幣250元

touch

才產2.0

新人才世代員工給老闆的工作合約

Work2.0
rewriting the contract

當代的企業哥白尼

Bill Jensen

林宜萱⊙譯

目錄

序　7
歡迎，各位極限領導者

第一部　才產革命開始了

1 才產2.0　17
新工作合約

2 領導者與經理　35
才產 2.0 對你們的意義

3 員工　79
才產 2.0 對你們的意義

第二部　如果你是玩眞的……

4 規則一　97
擁抱才產革命

5 規則二　117
建立個人化的工作方式型態

6 規則三　137
創造同儕價値

7 規則四　167
發展極限領導者

第三部 施工中……

8 短篇故事　203
未來的工作前瞻

9 才產2.1　221
重視個人隱私

(還有…)

A　工作的歷史演進　241

B　常見問題　257

C　才產2.0濃縮精華　259

每天，閱讀一些沒人閱讀的東西。
每天，思索一些沒人思索的東西。
每天，做一些沒人蠢到去做的事。

——美國作家克里斯多夫・莫禮（Christopher Morley）

序
歡迎，各位極限領導者

在本書撰寫之時，世界上發生了一件令人戰慄的事件，也對你我生活投下極大的震撼。我小時候住的地方可以遠遠眺望到過去紐約世貿大樓雙塔所在之處。在下曼哈頓和其他地方發生的悲劇，剝除了所有微不足道的事情，將全球人類緊緊的以熱情、痛苦和各種要事相互連結。

在看完這些令人無法置信的畫面、並瘋狂地打電話給親朋好友確定安危之後，我忽然覺得非常難爲情。因爲我過去只寫過一本關於人生珍貴資產的企管書籍。突然之間，我產生了一個想法，我認爲自己應該要寫得更深入、更有意義。雖然已經有許多稿件進入印刷前期作業，我卻對於是否需要修改某些基本概念而陷入天人交戰之中。

但這本書的目的主要是希望喚起大家的注意力，瞭解到「人」在完成工作中所扮演的重要角色。現在的時代已經不容許企業認爲工作跟生活是分開的，而就此認定員工自己要負責平衡這兩者。使用某個人的時間都將在你、我、或任何職場的任何人肩上增加一些責任。

在九月十一日，我們看到許多看似平常的人對陌生人伸出超乎尋常的援手，這讓我們深刻瞭解到，共享的價值觀——現今職場中流行的用語——的確具有某些意義。紐約市最勇敢、最傑出的幾千位志願者協助挖掘石堆，眞正實踐了本書所謂的新新領袖應具備的精神。因此我將極限領導以「捲起袖子、親身實作」來描述。不管字面上意義如何，我們最推崇以及最想要追隨的人們深切瞭解第一線的挑戰，並且依此做出應對之策。

因此，這本書的核心概念依然重要，但此時此地它變得更緊急而適時。徹底改變工作方式的時間已經到了。

新觀點、新問題

這是一本爲艱困時代而寫的書，一本令人又愛又怕的書。九一一的人性鐘聲只是個開端。盈餘的驚人衰退讓許多企業大受打擊。難怪你會發現這本書不斷重複提到生產力、資產、以及資產報酬率等字眼。

但你再仔細看看，一個看似衝突的訊息漸漸浮現：「重點是『人』哪，傻瓜！」

我寫這本書的目的，是要將人與企業利潤的辯論帶到一個全新的層次。同時也是爲了改變你觀看事物使用的觀點，甚至是改變你爲了企業生存考慮的解決方案。

但乍看之下根本沒什麼好辯的。公司先要生存，之後再談人的需求。不景氣的時代裡，對公司唯一的好處就是可以重新獲得控制，少談點員工、多談點公司，對吧？沒這麼快。工作經濟學已經在改變，改變的不是誰拿多少薪水之類的事，而是公司內哪些人算是你的投資人、他們值得拿回什麼樣的報酬，而這就是本書的核心。最近我有一個個人經驗可能可以幫助你思考上面這句話。

幾個禮拜以前，我休了一天假，到一間充滿回憶的空房子去繞了一下。

我回憶起：隔著地下室的窗戶偷看我的第一任女朋友麗莎；爸爸教我將鞋擦亮的祕訣，就像他教我許多事的不二法門一樣！媽媽抱著幾乎咬掉半片舌頭的我；州警抓到我在不應該游泳的地方脫光了游泳，讓我幾乎赤裸地跑回家去；還有，爲了爸媽不准我去看搖滾演唱會而離家出走……這些就好像一九五〇及六〇年代的家庭電影，不斷重複在我眼前播放，一遍又一遍。

現在，我的父母都已過世，我的姊妹與我決定要將我們共同生活的這一間房子賣掉。做爲遺囑的執行人，我最希望的是這房子能在這麼不景氣的時機裡賣到最好的價錢。這種想法在我接掌公司執行長之前一直沒有改變。我希望爲所有的股東——我、我的姊妹、我的配偶，以及我們的孩子——賺取最好的報酬。

但是，這房子的價值當然不等於這房子的價格。讓它有價值的是我們住在那裡時，爸媽終生辛勤努力所投資在我們身上的時間、關注以及精神。當我走過一個個的房間作最後巡禮時，我思索著，我待在這房子裡的每一個時刻，包括我做的許多蠢事以及我學到的教訓，是如何深刻地塑造了我的價值、我的現在與未來。

將同樣的問題應用到工作上。你是否曾經考慮過員工投資在你或你公司的時間、注意力、意見、知識、熱情、精力、以及人際社會網路？你是否曾經想過，員工希望獲得什麼報酬？這本書要你仔細思索這些問題，並且從其中再發展出新的問題。

新問題，新責任

這本書是寫給執行者、建立者、以及願意捲起袖子、親身實作的眞正領導者的。本書每一章裡的方法都將協助你集中焦點在這些細節上：如何由今日完成工作的標準移動到明日的標準上。

這本書是獻給願意將他們的價值、熱情以及責任置於困境接受考驗的人。你會發現，新時代的領導需要全新的方法來展現尊重、信任以及正直。有些非常棒的人已經往這個方向逐步前進了，我也嘗試在本書中記錄下他們一路上所經歷的缺失與收穫。

這本書是獻給——也是在談論——願意面對新挑戰並由中成長，並且以務實眼光看待新挑戰意涵的人。（如果你們的領導者對於新合約沒有感到興奮、鼓舞、憤怒、或憂慮的話，摸摸他的脈搏是否還有跳動。）

你們在本書中將會看到蕾拉・梭爾，她在自己開設的指甲沙龍裡學會透過傾聽顧客來瞭解員工，並運用在目前的中階管理工作上。當她結束自己的事業之後，第一份工作的辦公地點是在庫存儲物間（因爲空間不足）。現在她在電話服務中心表現非常優異，她的工作原可以輕鬆了事，但她認爲：「每個人內在都有些令人渴望相信的特質。我想帶領我整個團隊在我的羽翼下一起飛翔，而不是只有其中的一兩個。他們都值得我相信，他們都值得我更多的付出。」

在閱讀完本書之後，你會知道那就是**極限領導**。

那就是**才產二・〇**。

比爾・簡森

Bill@Work2.com

第一部　才產革命開始了

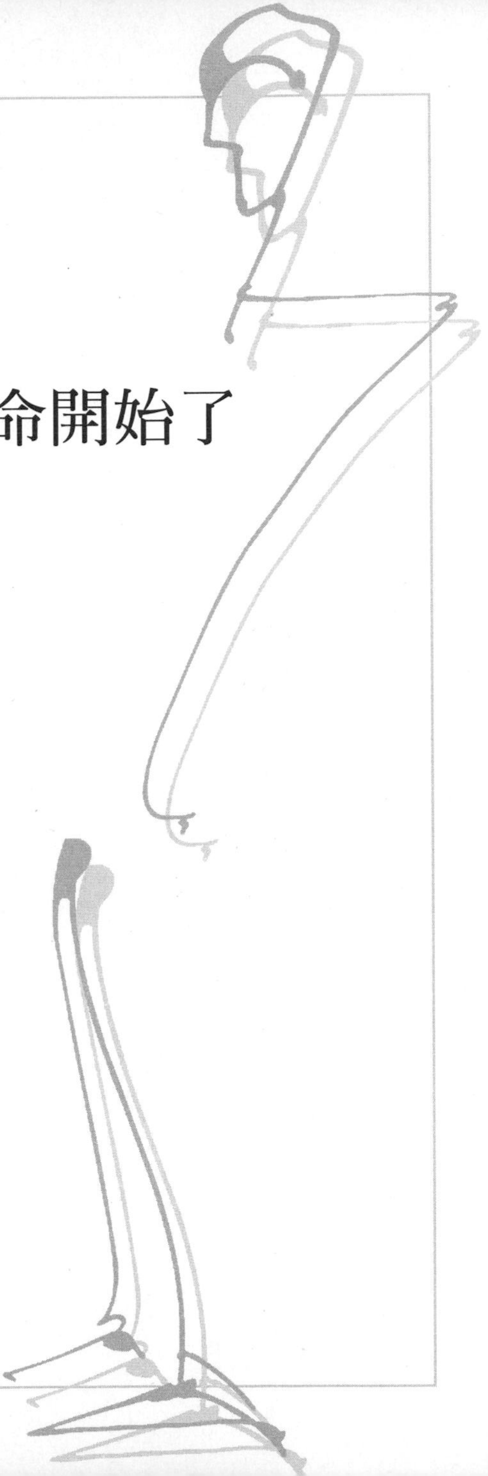

新的人才之戰是爭奪人們「才產」的一場硬仗

新的工作合約談的是你如何運用生命的珍貴「才產」
你有沒有浪費了你哪一位人才的時間、注意力、好點子、
知識、熱情、精力、或是人際網路？

當你的人才將他們的「才產」投資在你的公司，
他們每天、每週、每月獲得什麼樣的報酬？

（……最後的答案是？）

1

才產 2.0

新工作合約

我們觀察到你是如何持續「壓迫」員工，

達成更高的投資報酬率，以便確保你自己在公司的未來。

由此觀察，我們重寫了我們的工作合約。

你並沒有有效地運用我們提供的才能，

爲此，我們想跟你好好談一談。

你怎麼可能無損永恆地消磨時間……

——亨利・大衛・梭羅（Henry David Thoreau）

要對自己眞誠。

——威廉・莎士比亞（William Shakespeare）

新工作合約中的員工觀點——給領導者的一封信

親愛的領導者：

在通往革命的途中，發生了一件很有趣的事。你對於生產力以及降低成本的強力要求改變了我們對於「人才之戰」的看法，爲此我們要衷心感謝你！你這種堅守著最後底線的專注力深深的啓發了我們。

我們已經懶得去控制我們自己的命運了。我們以爲如果將焦點集中在顧客及公司利潤，持續改變、學習、成長、相信公司爲全體員工描繪的願景而全力以赴、做好每一件工作，那麼我們就可以主宰自己命運。天啊，眞是太謝謝你將我們從這樣的神話故事中敲醒。

因此，我們想看看你在做些什麼。我們觀察到你是如何持續「壓迫」員工，達成更高的投資報酬率，以便確保你自己在公司的未來。由此觀察，我們重寫了我們的工作合約。你並沒有有效地運用我們提供的才能，爲此，我們想跟你好好談一談。

優渥的薪水、適當的福利、絕佳的企業文化以及領導等等，都是這份合約中的已知條件：這些非常重要，但只是最根本的要素。除此之外，還要有更多有趣而個人化的要素。

我們雙方所要簽訂的這份新合約將會直接切入核心，強調擁有、控制生產力以及設計規則的眞正主角，尤其是你在組織我們的工作時，爲我們創造了多少的價值。

這道理非常簡單，在你完成工作的過程中，有越來越高比重的「營運資本」是由我們提供的。你希望我們將「才產」——我們的時間、注意力、創意、知識、熱情、精力以及人際社會網路投注在你認爲重要的工作上。這也意味著，我們必須要將自己視爲「投資人」。

我們很快在市場上學到不少東西，我們也需要監督你的成果：你對於我們投入的才產是否做了具有生產力的運用？同樣的一個小時，若我投資在競爭者的公司會不會產生較高的報酬？你所創造的公司社群是否比外界環境的還要好？

拋開你心中原本對於「創造絕佳工作環境」的既有想法。新工作合約將會令你耳目一新。我們稱此爲**才產二・〇**。我們與你的關係必須讓我們所投資的營運資本有更高的報酬才行。

以下是這份新工作合約的條款內容，想要留住我們、或是吸引我們，就看你怎麼做了。

新範疇，新思維

條款一・工作能完成，靠的是我們的「營運資本」(working capital)

你使用了我們的才產——我們的時間、注意力、創意、知識、熱情、能量、以及人際網路，來讓你的公司得以往前持續進展。新的工作合約焦點在於如何將我們的「營運資本」發揮出最大功效，或者恰恰相反。

條款二・我們的工作是一種投資

我們的時間跟注意力是有限的，隨著時間一點一滴的過去，這些都會變得越來越珍貴。我們可以選擇是否要將我們的經驗、知識、熱情以及精力投注在工作上，並且決定要投注多少。而我們在完成工作中所使用的人際網路都是我們自己賺取或建立的朋友及夥伴關係。再告訴我們一遍：我們爲什麼要將這些珍貴的才產投資在你的公司裡？

條款三．我們對投資要求更高的報酬

如果同樣的一個小時，花在你競爭對手的公司裡可以帶來比較高的報酬，你的好員工便會棄你而去。如果你希望我們待在你的公司，你必須瞭解我們對於投資報酬率的想法：

- 要在公司具有相當的影響力是否容易？
- 要完成一件了不起而且重要的工作需要花費多少時間？
- 我們可以學到多少、可以多快學到？
- 我們的工作是否能夠持續帶來高挑戰、高報酬以及高度刺激？
- 我們可以達到多高的個人成功以及多少程度的平衡——不管我們對此成功及平衡的定義是什麼？
- 你善用——或濫用——我們的才產到什麼程度？

條款四・給我價值，其餘免談

我們對營運資本要求更高的報酬，這一點將會使得雇用合約產生新的標準。你和公司是我們跟團隊夥伴、顧客以及市場之間的仲介角色。我們走人的標準不再像過去那麼模糊，例如未受重視之類的。身爲仲介角色，你必須要提供更多價值，否則我們便會很快棄你而去。

條款五・生產力是個人的

我們都知道生產力的公式：以少一點的成本做多一點的事。運用在我們的新工作合約中，生產力是這樣的：盡可能地減少時間跟精力的浪費，而有更多個人成就——而且更快速，更深入，更有意義。我們都非常急著想瞭解，要花多久的時間才能看到我們的工作產生影響力。花費在你公司的每一天都要讓我們更容易地完成重要的工作，讓我們感覺更好，讓世界成爲更美好的所在。現在我們可是在知識經濟時代裡談生產力跟效率。

條款六・我們必須徹底改變運用公司來完成工作的方式

你的公司是我們用來與顧客及市場產生連結的工具。請你開始試著做一個第一流的工具。我們相信公司的內部基礎建設——不只是對話而已——將是我們與你的動態關係中重要的一環。科技、流程、資訊交流，以及所有連結我們、並組織我們工作的事物都必須要改變，以便符合我們的需要，就像你會不時調整以符合顧客及公司的需求一樣。

條款七・我們贏、你們贏、他們也贏

新經濟改變了我們大部分工作的本質，我們由「製造產品」轉變爲「做出選擇」。公司以及顧客的成功有越來越多的比例繫於我們每一個人所做的決定，以及我們做決定的方式。因此，如果你集中焦點在爲我們創造價值，同時關注我們做決策的方式，那麼每一個人都可以從中獲利！這種三贏的模式是新工作合約的基礎。我們可不是傻子，我們設計的這份新合約是想確保工作環境可以增強我們的能力，以便滿足公司及顧客需求。注意傾聽我們告訴你所有關於工作環境的各項訊息；相對的，我們也會協助你保住你的飯碗更久一點！

條款八・有熱情才有結果

如果你希望我們能有更快的創新能力及更高的生產力，你必須仔細傾聽我們，瞭解什麼可以引起我們的熱情。仔細聽聽，是什麼可以撼動我們的心、可以鼓舞我們、讓我們感到興奮。一開始先問、先聽;，瞭解之後再去設立你的目標以及計畫。如此一來，我們將會每次都超越你設定的目標。

條款九・重要的基礎仍未改變

有些事物在過去重要，現在依然如此：優渥的薪資、適當的福利制度、與優秀人才共事、優秀的領導者以及無障礙的溝通環境。這些都是你建立新工作環境的基礎。

爲我們創造價值

條款一〇・才產二・〇的價值在於「個人化的工作方式」(My work My way)

最好的工作環境應該將每一個人視爲獨立個體，並爲每個個體量身訂作。我們是不同個體組合而成的一體。我們可以一起贏得勝利，但是整個團隊的速度、效率、效度、生產力是建立在每一個個體的努力與貢獻。一個絕佳的工作環境會設立新的標準，以追求即時的反應、團隊合作、客製化以及個人化。

條款一一・才產二・〇的價值在於同儕間的連結，藉此實現個人自由、成長以及成功

網路化市場讓我們每天都可以用更方便而更低成本的方式，與傑出的團隊成員，或其他跟我們關心相同事物的優秀人士產生連結——這些人在相同的時間處理跟我們相同的挑戰。我們要談的並非比較A公司與B公司組織文化的不同，我們要詳細探索的是你如何根據我們的個人標準來建立團隊及社群。如果你能提供我們的人際網路以及同儕連結度，比我們原先沒有你時還要來的好，那就是你的價值所在。

條款一二．才產二．〇的價值在於使用比自己能創造的還要有用、可用且實用的工具

市場上創造了相當多有關資訊及生產力的工具。做爲消費者，我們可以容易而且便宜的獲取所需的各項資訊，以便依照我們的需求做各種決定。我們在與家人及朋友的聯繫上，也建立了新的溝通管道，來進行各種意見和資訊的交流，這些交流之頻繁會令你相當震驚。由於這個原因，在工作環境之外的這些經驗也改變了我們對你的期待。對我們而言，你的價值便在於提供比我們自己所能建立的還要更好的工具。

條款一三．才產二．〇的價值是即時的、興奮的以及令人上癮的學習

我們希望尋找一個即時的、依照我們需求打造的、刺激並持續讓我們有所學習、有所收穫的環境。同時領導者創造出一個供人思考的空間與時間，有時甚至將步調調慢，以便讓我們有餘裕浸淫在目前學習到的事物。「興奮」的部分則是有機會與很棒的人共事並向他學習，而非僅學習很棒的技術。遊戲與工作間沒有制式的界線，正式與非正式的學習可以同時並行，我們該進行的任務與該知道的知識也沒有衝突。以上這些，我們都可以在外界的網路化世界中尋找到；那麼，在你的公司裡面，我們能找到些什麼？

條款一四・才產二・〇改變了你的價值觀，也因此改變了衡量的指標

才產一・〇重視速度、團隊合作、多變性、創意、創新等，並將此視爲生產力及績效的基礎。很好！這些都要繼續保留，我們會在這些基礎上增加新做法。才產二・〇以上述基礎爲出發點，往前更進一步：

- 你是否考慮將「妥善運用員工時間」視爲一項組織價值？
- 你是否衡量你設計給我們使用的各項工具之可用程度？
- 你是否瞭解我們要如何學習、我們需要什麼資訊、以及我們如何需要這些資訊？

如果你希望你的公司具有更高的生產力，你必須先改變你衡量的指標，並重新思考哪些必須是你要最重視的。

條款一五・才產二・〇永久改變了我們的工作評估方式

眞正的人才通常不會取悅管理階層的大人物。這些眞正値得你留住的員工通常是在

工作當中尋求滿足感以及成就感。我們的工作是否有價值，最後的仲裁者是顧客和市場。我們最重視的評估，檢討和肯定則來自於與我們工作最密切相關的同儕、顧客以及競爭者。我們終其一生都會跟他們緊緊相連，但我們很可能只會在一段有限的時間裡跟你一起共事。

條款一六・才產二・〇來自於工作的簡單化與常識

我們通常會將我們的時間、注意力、知識、熱情以及精力投資在讓投資變得最為簡易的人與事上面。主導我們各種選擇的是我們的常識，而非公司的政策或公司的管理邏輯。我們會忍受管理者的邏輯，但我們會用自己的結論行事。我們希望能在一個追求簡單化與常識主導工作的公司裡做事。

條款一七・才產二・〇不理會「時間賊」

時間跟注意力是我們最稀少而珍貴的資源，如果這些資源被浪費，我們的良心將會受到譴責。因此，在你的組織中，任何浪費我們時間的人事物都該被置之不理。

條款一八．才產二．〇具有高度幽默感

身爲人類，我們很容易開懷大笑，很多時候是在笑自己。你的公司呢？你呢？如果你不懂得笑，你就沒有辦法學習。

條款一九．才產二．〇創造了新層次的信任、淸晰度、以及深度對話

如果你更明智地使用我們的營運資本，會是什麼樣的狀況？我們就可以有更多的時間與組織內更多更棒的人才產生更多互動，同時有更多機會討論公司內眞正重要的議題。多樣化的人才以及意見是重要的、創意是重要的、改變世界是重要的、眞理、正直以及信任都是重要的。

條款二〇．才產二．〇重視「由我開始」

我們接受才產二．〇所賦予的個人責任。不管公司有沒有做到這一點，我們可以多做一些努力，來重視其他人營運資本的價值。我們會對以下的事情負責：

・傾聽、探索、瞭解各種機會以協助我們周遭的人更漂亮地完成工作。
・明智地使用他人的時間與注意力。
・以更人性化、更具同理心的方式與其他人分享各種想法。
・儘可能清楚易懂：在周遭創造出有意義的、合理的環境，並且持續站在顧客的角度來思考事情。
・當我們看到公司在浪費員工的潛能時，將會比以前更不耐煩、更不能接受。
・堅守立場，尋求樂趣，日復一日。

如果你願意接受這份新的工作合約，我們也會承諾：

・以更快的速度及頻率來調整我們自己。
・協助公司創造出一個組織架構以及連結關係，確保顧客與公司雙贏。
・協助我們周遭的每個人，確保他們能更發揮自己的潛能。
・問問我們自己：我是否具備了今日成功的必要條件？
・在高度競爭的環境下也要矢志完成目標。
・將這份工作合約中的「我們」跟「你」的字眼及語氣稍微修改一下。

這份合約若能實現，將能讓我們每一個人都成爲傑出的領導者。

解讀新工作合約：領導者指南

這份工作合約不單只是對著領導者大叫，想要讓你得到提示的宣言。(不過願不願意認眞思索也是衡量標準之一！)

想一想這份工作合約中不斷出現的幾項主題：生產力、創新、速度、執行的容易度、改變、讓顧客滿意、學習、以及其他許許多多的主題。在這份員工與雇主間的新工作合約中，有些部分讀起來像是領導者的美夢成眞，例如全新的競爭機會、成本的降低、更多的利潤、以及更大的成功。

從我們進入知識與服務經濟時代以來，這是第一次由員工提出一份領導者也愛的工作合約。但其中有一個很大的例外……

對自己的規則負責

你最希望吸引及留在組織內的員工，他們身上有著對知識工作的設計前所未見的洗練與洞察力。他們比多數的領導者更知道如何合作、如何組織資訊、如何溝通、或如何做出眞正有效的決策。

這是因爲他們來自於一個網路化的世界。科技、市場以及社會的變革讓他們訓練出與衆不同的思考模式，同時也比以前要求更多。他們有足夠的設備及理解力，可以與任何地方的任何人產生連結，因此總是能找出方法智取公司老大哥。身爲消費者，他們也總能找出個別化的互動方式，提供他們決策過程中所需的確切資訊。他們也發現，在這樣的世界中，一個人便可以快速而輕易地動員起整個社群或社會網路。

當然，還是老話一句，嚴酷的經濟狀況正在改變人與組織間的規則、關係以及盟約。求職者以及轉換跑道的人對此都又懼又愛。但請不要馬上做出推論，認爲這是驅動員工行爲以及職業選擇的唯一驅動力。員工會根據他們在外面的網路化世界所學到的事物，發展出在知識工作中，對個人生產力、效率、以及績效的新想法。這一點是不會因爲景氣好壞而有所改變的。

他們並不是在扯你後腿。他們只是將績效的標準往你那邊推，讓你為自己制定的規則負責，以便獲得更棒的投資報酬率。只是這一次，這些資產是他們所擁有的。

不景氣時代裡的新規則。這種轉向是很公平的。從此刻起，人才之戰的新規則是個人的投資報酬率，以及你對於員工在工作上貢獻他們才產的重視程度。

就讓這場人才之戰開始吧……

2

領導者與經理人

才產 2.0 對你們的意義

才產 2.0 會在你的面前擺出一個問題，讓你做自我評估：

「身爲一個領導者，我的改變是否多到足以表現出我對周遭員工的尊重與信任？」

問題可能很簡單：你是否能夠跟上改變的步調？

但答案可就沒有這麼簡單了。

政府……正當的權力是由其治理者的贊同中獲得。

——美國獨立宣言

勞力……是生產的工具。

——卡爾・馬克思（Karl Marx）

創新或是面對失敗

選擇在你。

你可以繼續陷在這場人才之戰的漩渦中，淪陷在一次次的衝突、背叛裏，一次次的處理員工問題，最後失去工作動力；或者，你也可以選擇改變規則。

跟以往不同的是，現在這些新的規則是由你想要雇用及留住的員工所制訂的。他們制訂的規則不在於「付我這個津貼」或「給我那項福利」，而是以全新層次的嚴謹程度與洞察力來看工作完成的方式。

在「員工滿意度」與「滿足員工的工作需求」之間，有很大、很嚴重的差別。這份新的工作合約以及這本書討論的便是這其中的差別。

我們不會花太多篇幅討論員工的薪資、福利、彈性工時、善待員工等等。上述這些是一般工作職場的滿意度標準，在此仍然重要。但這些並不是人才之戰的重要戰場。你最想要雇用及留住的這些人才正在改變生產力的規則。當這些優秀的人才努力達成更高的績效以及效率之時，你是否已經善用了他們珍貴才產而沒有浪費呢？

我們必須要對你現有的想法進行創造性的破壞，並且在你與你想要帶領的人才間建立一種全新的關係。

尤其在西元二〇〇一年，經濟急速衰退，許多領導者都太過專注在管理員工的流動狀況，哪些人留下、哪些人離職等等。而這本書要告訴你的是：趕在別人之前將這種信念丟掉，因爲不管你怎麼做，那都是必然會發生的狀況。

誰會粉碎你這些信念想法？就是那些準備走出你公司大門的員工，以及你準備要雇用的那些人。就是他們。

他們就要上場了……

國王的新「鬧鐘」

西元二〇〇〇年九月，我發現傳統的工作合約中有一個漏洞。經濟衰退進入第六個月，在這種不景氣的狀況下，所有員工應該更緊握著手中的飯碗、更巴結著自己的老闆才對。但我發現了老闆與員工間的關係有一個非常有趣的轉變，而且逐漸明顯。

我是在一次高階主管的會議中發現這一點的。你知道這類旅遊：必須具有某種身份地位才能參加（「執行長」高峰會議）、絕佳的會議地點（加州酒鄉的精緻招待處）、絕佳的休閒活動（由世界槌球冠軍一對一指導你打球，邊打邊啜飲著世界級葡萄酒），還有一些外人（嗯哼！）來幫這些人瞄準重心，並且進行一些偉大而重要的思考。

在這樣的會議中，我除了介紹「簡單化」這議題，以及如何創立一個更簡單的公司之外，我也講述了這本書裡的幾個概念。我對這些高階主管提出警告：「有四項趨勢對你的未來有非常重要的影響。」當時我仍在構思這四項趨勢其中的邏輯性，因此在因應這四項趨勢的做法以及時間上，我留下了相當多的空間。我告訴他們：「這些趨勢會在未來五年左右的時間裡，改變你領導的方式。」

在會議之後，首先私下來找我的是一位生命科學領域的執行長與一位執行副總裁。（應他們的要求，在此姑隱其名，你等一下便會知道原因。）這位執行長說：「我必須要告訴你，你剛剛有一些事情說錯了。」

我的心往下一沈，直到他把下面的話講完。他說：「你提到的那些未來趨勢中，關於『領導者要不就對浪費員工的時間負責，要不就明智使用』這一點，它不是趨勢，它已經是現狀了。不用等到五年，現在這就已經是領導者的責任了。我們公司總裁正是因爲這一點而離開公司。」

他繼續說：「我們雇用的員工完全無法忍受任何人或任何事浪費他們的時間。但公司的總裁並不瞭解這一點，我們就要眼睜睜地看著許多優秀員工離職，例如我們的行銷總監，這損失可是比換總裁還要大，所以這位總裁被請下台了。」

哇！

這樣的事情有沒有可能在你的公司上演?你認爲這只是發生在某個愚笨領導者身上的單一事件，或是也有可能發生在你身上？

我們必須承認，不管景氣好壞，這類由員工將危急局勢推到頂點的邊緣政策並不常見,但這的確對領導者發出了非常強烈的警訊,這警訊就在那兒喊叫著：「注意！傾聽！學習！改變！」

新工作合約的形成

你的員工知道他們必須要有更高的生產力、更有效率、每天都要比昨天進步得更快更好。這不是新聞。不同的是，他們現在正向你這邊施壓，向你尋求新的證明、資訊、承諾以及可衡量的標準，來瞭解事物進行的方式。這就是新工作合約的萌芽行動。

即使你公司目前稱得上絕佳的工作環境，你也必須要小心。今日的經濟，不管景氣或不景氣，都是一個知識經濟時代。在這樣的時代中，員工瞭解他們擁有公司生產所必須的工具。他們知道，你是透過他們的同意才能獲得力量將工作完成。不是你賦予他們權力；相反的，是他們將權力賦予你、你的公司、你的計畫以及策略。

這些頂尖人才需要你明確證明，你的確重視他們所提供的資源——感謝他們將寶貴且有限的時間、注意力、現有的技術、精力以及人際關係投注在你的公司中。他們也需要你證明，他們無限的資源——創意、知識、未來的技能以及熱情將會被你立即運用，並且創造出眞正不同的成果。這份合約中會出現的字眼與你過去所見的有非常大的不同，內容會圍著個人效果打轉，而非個人頭銜。

這其中的好消息是，如果你能善加運用員工的營運資本，並發揮到最大效果，那麼每一個人都可以從中獲益。個人的生產力增加將影響團隊的績效、效率、創意以及組織的聯盟感。而這將會影響公司的創新、生產力，同時眞正將你的員工與顧客連結起來。

這部分我們稍後再談，我們先回頭看看是什麼拖垮了上述那位可憐的前任總裁。

這份新工作合約是從哪裡發展出來的？我們在前一章提到的那些條款只是一份釘在

牆上發出哀鳴的宣言，讓你從中尋找領導的線索嗎？不是的。

這份員工與雇主之間的新合約談的只是更多的薪資、認股權、福利、托兒中心、或是休息室裡更多的遊戲桌嗎？這些條款只適用在網路公司、新新人類、或是行情看漲的經濟情況之下嗎？不，絕對不僅於此。

當我回顧過去十年來的研究，試圖瞭解上千家公司設計工作的方式時，我發現有一種新的境界在員工族群中產生了。

是的，他們仍然迫切渴望在一個絕佳的公司裡工作，這代表著他們仍希望你創造出一個高度參與、團隊合作及彈性的企業文化。他們仍希望你規劃學習及發展的策略，對員工持續支持、指導、訓練、良性溝通，並能讓他們有所發展。他們仍然希望身爲絕佳團隊的一員並創造絕佳的工作成果。

但另一方面，他們也會更仔細、謹慎地思索絕佳工作的價值。他們希望知道，在他們與顧客、工作之間扮演著中間人角色的你，替他們增添了什麼價值？舉例來說，你的工具、流程以及資訊流（information flow）是否是以使用者爲中心而發展設計的？（這將極度凸顯你的價值）或只是讓你便於管理你的員工？（這對員工是否有價值則有待商榷。）

在讀過新工作合約之後，你應該瞭解到，工作價値的焦點完全在於爲顧客及公司實現更好的績效與成果。

但是，在這個變化快速的時代，知識工作者需要對他們的影響力以及個人生產力有更多的控制權，在景氣差的時代中更是如此。你的員工非常淸楚，他們的前途每天都有失去之虞。他們會努力展現績效，但也同樣需要對自己的命運有更大的掌控力。

舊辭新解

營運資本

你是否對於新工作合約中的「營運資本」意涵有些吃驚？如果是，那麼這個點子便達到其目的了——因爲它引起你的注意。

善意的學者以及顧問不會創造出讓你困擾的字眼。他們會用「人力資本」（human capital）來定義員工及其技能；用「智慧資本」（intellectual capital）來說明員工知道以及分享的資訊；「社會資本」（social capital）則是用來說明員工凝聚在一起工作的方式以及原因。

當然，這些都是非常重要的想法。但是這些名詞過於……「衛生」，同時也會讓你產生幻覺，誤以爲這些資本都是屬於你的，是由你來管理的。

在搬運碼頭揮汗如雨辛苦的工人、熬夜寫程式的電腦人員、看病的醫生、或是訓練業務人員的講師都會非常樂意幫你粉碎以上的幻覺。

營運資本的新觀點：員工選擇如何投資他們的才產——時間、注意力、精力等——來完成工作。學術界的任何架構都無法隱藏這個事實：這些才產是你渴望擁有的；但卻是由你的員工選擇在什麼時候、以什麼方式投注在工作上——或決定不投入。你對成本砍得越凶，就代表你越依靠他們的才產做爲資本，以便達成公司希望你達到的績效目標。

這個想法可能跟公司財務長所定義的營運資本不相同。沒有關係。如同肯塔基大學校長歐堤斯・辛雷特里（Otis Singletary）所說：「人們怎麼想，就怎麼對。」

做好心理準備，跳躍到這樣的思維並且把握住其中的精髓，這一點是很重要的。這樣的躍進將可以協助你進一步瞭解，二十一世紀的人才之戰到底是怎麼一回事。

那對我有什麼意義？

你買這本書是因爲你是個**企業人**。你身處企業中，希望對這場人才之戰有更多的瞭解，想要對這種新工作合約、更簡單的工作、公司生存等議題有更多的瞭解。

但我希望你在閱讀這本書時，忘記你企業人的角色，回復到一個**人**來思考。

作爲一個企業人，你知道你必須愈來愈仰賴你周遭的人。環境變化是如此迅速密集，因此你如果想要成功，就必須要找到更好的方法來釋放出組織內每一位員工的最大潛能。這是新工作合約的目標：將你管理的工作環境升級到才產二．〇的境界。

但作爲一個個人，如同我們常貼在冰箱上的智慧小語：你不會在臨死之前，後悔你沒有花足夠的時間在你的工作上。你會希望此生留下一些眞正重要的東西，不會只是企業的績效成果。

如果你跟大部分的領導者一樣，那麼對你一生眞正重要的東西應該是你個人的熱情、願景以及價值。希望你的價值中有一項是對他人堅定不移，無可撼動的尊重。這就是你與本書產生交集的部分。

才產二・〇會在你的面前擺出一個問題，讓你做自我評估：「身為一個領導者，我的改變是否多到足以表現出我對周遭員工的尊重與信任？」

問題可能很簡單：你是否能夠跟上改變的步調？但答案可就沒有這麼簡單了。

為了表現出對員工的尊重與信任，領導者必須要做的事越來越多、也不斷在變化。這不只是在與員工面對面時才需要表現、或是對柔性議題投注關心就夠了。

現在要證明對員工的尊重，包括了你是否能建立一個以使用者為中心的內部基礎建設，並要能對第一線的決策員工提供即時且符合需要的資訊。而要證明你對員工的信任，則必須樂於接受員工對你看法的質疑與挑戰，因為實際進行各項工作的員工一定比你還要瞭解如何提升那一部份的效率以及生產力。

員工也密切觀察著你如何將焦點放在投資報酬這件事上。他們也在做同樣的事情。從此刻開始，「尊重」這個字包含了對員工才產更為妥善的運用。他們希望他們的時間、精力及才能不會被白白浪費，同時也希望投入的這些才產能有更好的報酬。

要做到這一點，並不僅僅是對員工表示肯定與感激、或跟他們說他們的工作是重要的就夠了。你必須要能迅速調整你的計畫、焦點以及優先順序，以便讓你的員工在工作上使用的各項工具、內部基礎建設等都能夠顯現出你對員工投注時間、注意力及精力的尊重。

哇！光是一個冰箱上的智慧小語就讓整件事變得這麼困難、這麼複雜！突然間，「我改變的是否夠多」成爲一個人人心頭揮之不去的陰霾。

才產二·○是給那些相信在新的環境中，若對他人表現出尊重及信任，將使個人及企業更好的領導者。

這對你的意義在於：本書可以做爲你的工具，讓你將你的個人價值與企業成功的條件以新的方式連結在一起。你可以在這本書中找到指導原則、起步的小訣竅、以及已經開始進行才產二·○的公司案例。

你要不要做出足夠的改變來實現那些價值？就看你自己的決定了。

創造性破壞的四大主力

我們必須要改變工作方式的原因　在未來的十年內，每一家高度依賴知識或服務工作者以便追求高度成長及生產力的公司，都必須要重新設計出一套吸引及留住這些人才的模式。新的絕佳工作環境會面對四個變化的主要力量，並且試圖超越。

這四個力量將會爲你及你的公司創造出不斷加重的責信。這四個力量是：

1．**才產革命** 新的思考方式，敲醒領導者。

2．**個人化的工作方式** 對個人生產力的新責信。

3．**同儕價值** 對團隊工作及合作的新責信。

4．**極限領導** 如果你要實現你的個人價值，這是你的新責任。

如果你沒有重新思考新的進行方式，你的員工及時代經濟會替你重新設計。這些力量將會把你與第一線工作拉近到前所未有的距離。

一、才產二·〇是一場關於人才資產的革命

若要說有什麼人瞭解專注工作這檔子事的話，珍妮·貝依（Janine Bay）可是不二人選。她是福特汽車公司的車輛客製化部門的總監。即使在今天，女性工程師在汽車業裡仍很少見。珍妮突破限制，在激烈的競爭中勝出，在七〇年代中期晉升爲福特「野馬」汽車的總工程師。在當時，工作的第一要務追求的是品質。

珍妮用半開玩笑的口吻自嘲：「我已經老了。經過二十五年之後，金手銬已經將我

牢牢地限制住了。但我指導的屬下跟我過的是截然不同的生活形態。」

她接著說：「我上個禮拜才跟公司裡的一位年輕人談過。他告訴我：『珍妮，我很感激你對我的幫助，但我已經待不下去了。我要離開這裡。』他是一位博士，年僅二十七歲。」

「即使在景氣這麼差的環境中，他還是可以隨時離開這裡，並隨時找到更好的工作。他告訴我：『我來這裡不是爲了錢。老實說，別的公司願意給我的薪水比這裡更高。』他說他最在乎的是，他所做的工作是否能創造一些不同、工作品質是否足以自豪、工作能力是否獲得肯定與賞識、在多快的時間內可以讓自己更上層樓，進入另一個境界。」

貝依說：「我可以瞭解這些想法是從哪來的。想當年，我年輕時在公司裡也是屬於異議份子，我認爲如果我想要爬到某個階層，我必須要有相當廣泛的工作經驗。這種想法在八〇年代的早期到中期，是一種備受爭議的生涯規劃方式。但是現在我看到，有越來越多的人在發現工作不符合自己生涯規劃的重要順位時，能快速喊停，重新來過。領導者必須要非常快速地調整，以便能夠協助員工建立個人的生涯規劃。」

風水輪流轉　你連續不斷地壓迫員工追求短期企業績效已經形成一個持久的印象。我們索性就打開天窗說亮話吧：你的期望從來不是著眼在遙遠的未來。你不但期望每季的成效，甚至每月、每週、每天，有時候還要追求每個小時的成效。

諷刺的是，最能幫助你達成上述企業績效的重量級員工，現在對你也有同樣的期望。你對於他們投注的才產，是否也在同樣的短期之內有同樣亮麗的報酬產出？（哈！一報還一報！）

你運用各種資產來完成工作，你的員工也是。在你的帳簿上，你可以將各種資產折舊處理；但每一天，你的員工也發現他們被迫折舊數小時的時間及知識，浪費在你的組織內。他們也希望他們的時間和精力貶值的機會更少一點，而獲得的報酬可以更多一點、更快一點。

在持續降低成本、裁減人事之時，留下來的這些員工也開始發現，你已經重新定義了所謂的營運資本。你現在要完成工作，依靠的是他們所提供的各種才產。

在未來的人才之戰，你會遇到的問題包括了：

- 我工作的時間裡，有多少是眞正用來進行很棒的工作的？
- 讓我看看你是怎麼組織一個團隊的。你建立團隊的功力到底有多強？
- 我的經理有比我聰明，比我優秀，比我敏捷嗎？他有能力幫助我發揮我的才能嗎？他是否將我的需求放在心上，而不只是一味地想著公司的需求？如果他並不在意我的需求，那麼我要換一個在乎我的經理，現在就換！

．讓我看看，公司是如何尊重我的時間的。我指的不是五點準時讓我下班、或是慷慨地讓我休假。讓我看看，你的系統及架構有哪些設計是爲了我們而非公司使用方便而設計的。

．你爲我們所設計的資訊流通方式以及各項工具是否先做過可用性測試？如果沒有，原因是什麼？

．我在這環境中可以學到多少東西？可以多快學到？

．我可以做我有興趣的工作嗎？

．眞感謝你與我們做這麼多的溝通。現在，我是不是可以在沒有你的狀況下，精準地在我需要的時候以我想要的方式拿到需要的資訊？

用他們的話來說　蒂芬妮・羅培頓（Tiffanie Lopatin）任職於美國銀行的人才招募部門，她是一位專業人力仲介者，不斷地爲公司尋覓挖掘最佳人才。她說：「我喜歡追蹤沒有主動找工作的人。他們並不求職，是我將他們找出來。而且我的搜尋範圍通常是在業界外面。在西元二〇〇一年，我從決定加入我們公司的人才上，看到相當程度的「後推力」(pushbacks)，不斷將要求往公司及管理者這方推過來。他們都非常堅持自己的想法。我聽過種種非常創新的陳述，例如：『我是一個虛擬工作者，既然我在網路上可以通行全世界，我爲什麼要搬到你希望我去的地方工作？』」

典型的才產革命就如同羅培頓所說的交易一樣：

「我曾經尋找到一位相當優秀的人才，我認爲我們公司應該要找一個適合的職位給她。我邀請她來做進一步的面談。天啊！她眞的化被動爲主動，不斷向我推進！她積極詢問這份可能的工作的詳細細節、要跟哪些人溝通、部門之間的關係如何、哪些人分享哪些資訊等等。而就在我們面談的那一天，總共有三位人力資源經理對她有興趣。」

「後來我打電話給她，邀請她加入我們公司，她很快地拒絕了我。她說：『你們公司非常棒，你們公司比我見過的大部分公司都還要在意顧客的需求。我很希望可以加入你們公司。但是那個職位只會消耗我現有的所有技能，卻不能協助我以我需要的速度繼續成長。』」

「不過，最後結局是皆大歡喜，因爲我們爲她設立了另一個更高的職位。我很高興我的公司做出這種雙贏的決定。我們未來也必須持續這種量身訂作式的解決方案。在過去，第一等的工作機會都是依照職位或是工作來撿選合適的人才。」

我們在此列出一些跟上述案例類似的例子，這些人就在跟你類似的組織之內。（順帶一提，這些人在其公司內被快速晉升，並參加公司的領導發展活動。而因為短期經濟因素之故，暫時留在原位，跟雇主一起共事。）

一位世界最大能源公司的中階經理（他目前暫失此職位）以下面這個例子說明許多公司優秀人才的感受：

我參加一個資訊科技部門的會議。他們在討論一個 Net Meeting 的線上共同研究工具，討論它爲什麼不能發揮作用。我站起來說：「你們這些人是怎麼回事？我家人在我家車庫用這套軟體用了一年多了。我們根本沒有公司這麼多資源，也沒有一個巨大的資訊部門來協助我們。你們到底有什麼問題⁉」

一位優秀的企管碩士爲公司建置了極具前瞻性的網路，年紀輕輕便一路順利晉升。她說：

我身邊有越來越多眞正具有天分的同事被解雇。這個小火花點燃了每一位夥伴，接著公司採取一些手段將這火花撲滅的一乾二淨。表現優異的員工對這種亂七八糟的情形忍受度是很低的。如果只發生一次或兩次，我們還可以自我安慰，說人生總有不如意；但若發生的頻率太高，對不起，我們走人了。人生苦短，我們沒有時間跟你瞎攪和。

一位電訊公司的中階主管，她對於自己營運資本的價值所在非常清楚，也很瞭解她的產業動態。她說：

公司對我們的時間竟然如此的不重視，這一點讓我非常震驚！我在評估自己時間被使用的狀況時，主要看三件事：第一，我有多少影響力？第二，我有不斷在學習嗎？第三，我的工作有趣嗎？如果答案不是絕對的肯定，那麼這份工作便是在浪費我的時間。

歡迎進入才產革命　老實說，你希望能開發這些人才的能力精華、你希望將他們的想像力、創造力、判斷力以及建立關係的能力都發揮到極致。這一點絕對沒有問題，他們也希望這樣。但是他們的付出可以得到什麼回報？

在人才之戰中，下一回合便是才產革命。這包括了領導者如何爲員工創造出每天、每週、每月以及每季的報酬。

做好準備，迎接另外一種截然不同的投資報酬率。如果說，選擇員工的首要之務是在他的態度，而技能可以日後訓練，那麼準備好面對這些「投資人」的態度吧。這些期待都是真實存在的。它們不會消失。

你能說「我們是一體的個體組合」嗎？

二、才產二一·〇是個人化的工作方式

未來的工作是個人化、並依照個人量身訂作的。你可以肯定員工是一體的個體組合嗎？舊型工作的瓦解正以你從所未見的速度席捲而來。

聽起來好像一切都會失去掌控？試著克服吧！

聽起來非常複雜，聽起來你要做的事情很多？歡迎來到真實的工作世界。人生本來就是艱困的，戴上鋼盔吧。

個人化的工作方式這種論點在你聽起來，是不是有點反團隊？合作無間的團隊以及工作環境都需要每一個個人貢獻更多，並且比以前更彈性應變。如果你期望你的員工能有更紮實的準備、更能自我改善、自信自重、並且能對團隊貢獻更多的話，這種「工作個人化」是必須的。

知識工作的本質是互相聯繫、越來越高的複雜度、越來越多樣的選擇、資訊、夥伴、以及各式各樣的驚人挑戰。這些已經超越了任何一個人建立團隊、結合願景、或是創造更快更好方案的能力。我在前一本書《簡單就是力量》（*Simplicity*）中曾提到一項問題：工作的複雜度是未來十年的生產力議題。這一點在今日尤其眞實。

《新世代先鋒》（*New Pioneers*）一書的作者湯姆・貝辛格（Tom Petsinger）花了多年的時間研究以及報導第一線英雄的事蹟。我在書中曾引述他所說的一段話：「障礙不在於人們承諾作爲一個知識工作者的能力或意願。尋找、思索以及創造本就是人類的特性。最大的挑戰在於管理階層如何將焦點放在運用員工的時間與精力。」

說到如何幫助員工更聰明、更快速的工作，大部分的公司在此部分都仍停留在舊石器時代。我在撰寫《簡單就是力量》一書時所進行的研究發現，很少有組織能找出眞正有效的方法，可以提供員工完成工作所需要的人事物，以便善用員工的時間與精力。我們迫切渴望獲得的合作無間及團隊合作背後隱藏了一個管理上的秘密污點：大部分的公司並沒有提供員工有用的工具、資訊或是支援，因此員工是靠著團隊合作來彌補這項缺失的。

新領域 「從現在開始的五年內，如果我們沒有對這些問題妥善處理，我們將會是失敗的領導者！」充滿熱情的赫曼・米勒家具公司的執行長麥克・弗克曼（Michael Volkema）提出以上的看法。「我們必須要有一種新層次的承諾與嚴謹度，來思索如何滿足每個個人的需求。」

弗克曼本人就遇到管理上很有意思的挑戰。他前任的執行長是公司創辦人的兒子邁克斯・杜普利（Max Depree）。杜普利曾經寫過一本書，談論以全新的方式來進行管理。弗克曼對自己的公司非常自豪，因爲該公司在第十六屆「全美最受推崇的公司」中獲得十五次的肯定，另外也有五次獲選爲全美「一百家最佳企業公民」的殊榮。儘管如此，他仍有強烈的使命感，要將公司帶往另外一個層次去。

弗克曼謙虛地表示：「有許多比我博學的人嘗試著將這些趨勢逐一連結起來。我們面臨了十到十五年技術員工短缺的問題，舉世皆然。相當多新興科技快速且大量地進入我們的生活，引起原有生活秩序的混亂與重整的必要。在這種環境之下，所有產業內的知識工作者需要擔心的不是沒有工作機會，而是工作機會太多。」

「我們的研究及設計團隊針對工作的本質重新進行深度思考。身處在網路經濟時代的門檻上，我們必須讓那些嘗試著與彼此及新資訊連結的員工價值增加。」弗克曼做出結論：「將團隊及社群的能量發揮到最大，這是相當重要的能力，也是壓力所在。新的領域是在增加個人的自由以及對自己工作的掌握。對許多公司而言，未來的挑戰在於，如何在維持必要的企業績效之時，又能兼顧到以上的趨勢。」

未來的變化　以下我們舉出幾個發展個人化的工作方式的實例。這些例子都發生在跟你類似的公司裡。我們在本書中將會介紹許多類似這樣變革的個案研討以及故事。

- 「自助式福利制度」的時代來臨了。雇主提供各式各樣的紅利或員工福利，讓員工在一定的規則之下，自行依照個人或家庭需要，選擇適合的福利套餐。
- 員工已經回頭要求參與公司的資料庫以及內部網路的入口設計。(他們對於可以獲得的資訊、或是如何獲得這些資訊的掌控力仍然非常有限。)
- 每日會議的議程大綱是依照員工的需求來進行設計的。
- 員工簽訂書面同意書，來說明他們可以接受的「虛擬」程度，因此可以對自己的工作生活有更多的掌握。
- 在高度壅塞的區域建立小型的「臨時會議中心」。此舉的目標是要減少不必要的通勤時間，但又可以快速集結人際或網路的關係。
- 赫曼．米勒公司甚至在進行「個人氣候」的掌握！看看氣候是熱、冷、或是剛好。

時間偏見　如果你覺得這些以員工爲中心的想法距離你很遙遠，或是你認爲員工只是想要有彈性工時、參與感、工作生活計畫之類的話，那已經是一九八〇年代的老調了。歡迎光臨二十一世紀的眞實世界，屬於才產二・〇的世界。

但千萬不要以爲個人化的工作方式是要創造出各種不同的職稱或身份。個人化的工作方式談的是個人生產力、如何更接近顧客、如何以更少的工作時間達到數倍的績效。如果我說企業要有更高的績效，一定必須要使用個人化的工作方式，這勢必對你的組織造成很大的撼動。事實上並非如此。絕佳的團隊合作、專注且充滿熱情的領導者以及清楚的目標，這些都是不可取代的。但如果你希望能夠達到上述結果、並且在新的人才之戰中與同業競爭，那麼個人化的工作方式將是非常關鍵的一步。

相同的價值，全新的標準　網路服務提供者 Earthlink 公司的員工工具及系統部門主管漢斯・艾森曼（Hans Eisenman）說：「我們公司裡還沒有做太多個人化的工作方式的工具，但即使在最基本的事物，例如讓人力資源部門或經理能夠透過網路輕易地進行薪資調整或調職等，都是以不同方式進行工作的發展基礎。未來的工作絕對需要『客製化』（customization），而箇中核心理由便是要更快且更容易地接近顧客。」

艾森曼在談到他協助全公司六萬四千名員工的工作任務時，說話的節奏變快了。他的熱情反應出個人化的工作方式中最重要的元素：公司價值。艾森曼改變工作設計的熱忱是與 Earthlink 的公司價值一致的。

「在 Earthlink 公司，我們有十個核心價值。第一項價值便是『尊重個人』，我們相信獲得尊重及賦予責任的員工也會盡其所能地貢獻。我們在公司的確是這樣做的。我認爲個人化的工作方式是人們想要的工作方式。大部分的人希望被信任，並且可以能有專門爲他們量身訂作及個人化的工具與架構，讓他們知道自己是被信任的。」

尊重。信任。在才產二・〇的個人化的工作方式世界中，最重要的一點是，當你說你尊重、信任他們之時，你想要達到的標準便提高了。

艾森曼繼續說道：「我們的創辦人史凱・達頓（Sky Dayton）曾說過，我們公司要減少溝通所需要的時間與空間。我相信那也是我的任務。我必須即時地瞭解員工在滿足我們顧客的過程中，所需要跟想要的事物，這也代表著我們必須要瞭解人們需要什麼？想要什麼？科技不能幫我們回答這些問題。能夠回答這些問題的是『尊重』這項核心價值。這項核心價值也會驅動我們去瞭解員工不斷改變的需求。」

瞭解我，瞭解我的工作。瞭解我需要什麼。瞭解如何幫助我。

大部分的公司都在這裡卡住了。才產二・〇的員工可無法忍受這種缺失。他們需要客製化的工作經驗。他們值得擁有客製化的經驗。

這些都將揭發出，過去數十年來，我們告訴自己的事情到底是眞是假。基本的事實是，在瞭解員工、瞭解如何協助員工的客製化互動過程中，經理人與訓練者的角色仍是最重要的資源。而最大的謊言則是公司已經提供第一線及中級主管足夠的訓練，足以讓他們瞭解員工的工作需求所在。但事實上，這鮮少發生。

當然，所謂的大公司都有提供經理人相當多的訓練、指導或是發展計畫。但他們（充滿善意）的努力要不是缺乏產生影響所必要的紀律，要不就是卡在才產一・〇的工作模式中。

團隊的新假設　即使是在一個最熱情投入、團隊至上的工作環境中，你也必須要假設每個員工都希望對自己的命運有更多的掌握。

洛斯迪・雷夫（Rusty Rueff）以一句簡單的話來說明大部分的公司若想要獲得才產二・〇員工的信任，它們所必須要做的「大躍進」。

雷夫是藝電公司（Electric Arts, EA）的人力資源主管，該公司是世界最大的電玩設計公司。雷夫的工作便是要確保EA絕佳的企業文化以及充滿熱情的員工一直都是該公司競爭優勢的核心所在。

我們正在討論願景及使命等議題時，雷夫突然話題一轉：「我以前常跟公司的員工坐下來，然後說『我們來談談未來的藍圖……』」

你知道大部分公司的經理被訓練要如何完成這一句話的後半段嗎？要描繪未來的藍圖，當然少不了全球市場分析、公司目標或價值、顧客需求、或是獲利底線、團隊合作等等等，對不對？

關於這句話的後半段，雷夫是這麼接的：「讓我們來談談未來的藍圖。讓我們談談你要前進的方向。」

這可是一八〇度的大轉變。「人們需要對他們自己的命運有更多的掌握。如果我還是將公司的思考模式套到他們身上，他們會拒絕溝通的。但如果我可以站在他們的立場，告訴他們『讓我們談談你，看看『你』可以如何融入『我們』要一同創造的未來裡。』如此將可以突破員工的心防。我們指導公司所有的經理人都要能做到這一點。」

現在的經濟社會中，人們眼前有許多的選擇以及挑戰，但卻沒有提供方法，告訴他們該怎麼做。個人想要對自己的命運有更大的掌控力，這種需求是無法抹殺的。這也是個人化的工作方式背後的精神與指導原則。

三、才產二・○創造同儕價值

在現代的社會中，要吹噓自己的企業具有公開、分享且合作無間的環境，就好像說：「我們的工作環境很不錯，我們提供新鮮空氣供員工呼吸！對了，我們公司還有沖水馬桶呢！」

同儕（peer to peer, P2P）對你而言是什麼：公開、分享？……好像有這麼回事。最近你到底爲我們做了什麼？

如果你希望激發你員工最大的潛能，你必須要將同儕互動提升到另外一種新境界。同儕價值的導師亞倫・艾曼（Alan Ellman）描述這種高層次的「呼喚」是如何找上他的：「有天我回到家，收到一通來自美國運通的留言，告訴我有重要事情，要我儘速回電。我想可能是我的信用卡出了什麼問題。」

「結果是美國運通的前任執行長吉姆・羅賓森（Jim Robinson）想要將一些錢投資在新興公司上。他找了我跟席亞特廣告公司的創辦人傑・席亞特（Jay Chiat），一同合作創立了Screaming媒體公司。傑是一個非常棒的人。他喜歡激勵像我這樣的人跨越自己的『舒適區域』，做些冒險的事。我以前是個電腦駭客，現在則經營一個全球性大企業。」

Screaming媒體公司爲公司及新聞客戶提供客製化的即時資訊。該公司具有相當的技術基礎以持續搜尋符合每個顧客要求的內容項目，並持續提供給客戶，公司以前所未有的速度分享資訊。Screaming媒體公司運用了個人化的工作方式中客製化原則，同時也創造了同儕價值。

然而，事實上該公司的技術背景並不是讓同儕價值如此新穎、具挑戰性的主因。重點在於，可否迅速轉變對同儕價值的重視程度，以及，在這種轉變上面你的員工可以教導你的有多少。

標準正在改變　合作、團隊、學習、社群等模式都已經完全跳躍到另外一個新的境界，通常超越了公司領導者的支持、協助、贊助或資金所及。從資訊較完整的搜尋網站（例如幹譙網〔F＊＊kedCompany.com〕和工作抓狂網〔WorkingWounded.com〕）到資訊架構以及內容管理（例如Screaming媒體公司），以及完全以使用者爲中心的分享空間（例如Groove或Topica），甚至到即時、符合個人需求的學習以及其他更多更多，人與人每日交縱錯雜相互連結的領域。創造一個合作的企業文化是不夠的，絕佳工作環境的

領導者角度：越過兩代缺口

才產 1.0	才產 2.0
組織的生產力	個人的生產力
營運績效的卓越	力求簡化，將焦點放在人們的需求
營運面的整合	整合流程與架構，但員工是具有整體感的個體
尊重、信任、正直 1.0 版：對待員工的方式	尊重、信任、正直 2.0 版：對待員工及員工「才產」的方式
國王的新衣	國王的新「鬧鐘」
由企業的紀律往下推展	由工作的紀律往上推擠

未來取決於公司對那些連結互動產生價值的方式。

這意味著「附加價值」視野的擴展。你每一天都確切知道如何節省員工的時間嗎？你知道如何增強員工的信任以及關係的建立嗎？相反的，你是否完全知道你因爲創造了某些組織、控制手段或溝通模式而破壞了你與員工之間的信任，摧毀了你們之間的關係？你是否知道如何擺脫這些障礙，而仍能繼續領導員工向前？

科技看起來好像是其中的關鍵驅動力，但實際上並非如此。重要的是你願意投資多少在同儕合作之上，讓員工感受到前所未有的價值感。

設定「無你」的標準　你要繼續前進只有一個方法。你需要組織內更強的團隊合作。更多的創新、更高的生產力、更多的自我指導。企業的成功不再是由上而下的，而是來自於你對於下層員工工作的發掘、支持、關注以及關心的程度。

新經濟終於趕上知識工作者完成工作時所需的協助以及快速的步伐。從行動電話、學習入口網站、個人數位助理（PDA）到網路上最受歡迎、使用率最高的電子郵件，還有許許多多其他的。現在員工可以更方便、更便宜、更快速地與其他人分享、學習以及成長。

新的標準包括了決定什麼樣的內容是最有價值的、什麼樣的人際網路、時機、工具詳細程度與指導方式是最適當的。這些標準都被設定在今日的同儕連結關係之中。

而其中最重要的一點是：這些連結中都沒有「你」這個角色的存在！

新的標準設定者　海斯・洛依（Heath Row）正在指導與發展許多你未來的新員工。沒聽過這個聽起來像某個機場名的名字？他的職稱叫做「社會資本家」。他建立了《極速企業》（*Fast Company*）雜誌的全球讀者網路，這個公司是一個「朋友」公司。他協助人們互相發展、指導，而方式大部分都是藉由與他人的連結而辦到的。該公司自稱爲「好管閒事的長舌婦」，專門協助他人——包括你門外的那些員工——學習如何從他們的老闆那裡獲得最大資源與協助，同時如何將自己的同儕價值發揮到最大。

瑞秋過去是一位老師，現在是Scholastic.com公司的執行製作，同時也是一個新手媽咪。透過「iVillage」這個線上社群，她找到了一群跟她一樣菜的母親。她們互相教授、指導。她們因爲面臨兒女同樣的人生階段、同樣的挑戰，因此產生連結互動。她親身經歷了社群價值的建立及維繫。對於「價值」，她有了更深一層的瞭解與期待。她現在希望在工作環境中也建立起同樣水準的社群。

如果你希望能在員工及他們的工作之間做一個有價值的中間人，那麼你必須要瞭解同儕間到底是如何與其他人產生連結，藉此協助他們將工作完成的。

二十一歲的珍妮佛・卡瑞羅（Jennifer Corriero）以及十六歲就成立公司、現年十九歲的邁克・弗迪克（Michael Furdyk）透過TakingITGlobal創造出嶄新的全球領導者模式。這個非營利組織以多倫多爲基地，連結及指導超過七〇個國家的年輕人。

弗迪克說：「身爲年輕人，我們最大的擔憂不在於我們不適合，而是在於我們擁有無法丈量的影響力。在未來幾年，最大的轉變將在於領導者如何領導。公司必須要能接受有越來越多的個人希望在爲公司工作時，不會因爲跟公司過於緊密相連而喪失他們自己的能力。」

「在TakingITGlobal，我們盡我們這一小部分的努力來協助創造下一代的領導者。我們向他們示範，當他們越過傳統的通路、直接相互連結時，會產生什麼樣的結果。例如將迦納的亞瑟奇亞・安娜（Ezekial Annan）與賽普勒斯的蕾娜・亞那塞迪斯（Lena

Anastasiades）連結在一起，讓她可以與對方分享她參加吉隆坡全球知識會議的心得。」

當你想要斬除因為高度的同儕合作而產生的混亂時，想想茱麗・雅各以及珊米・薛尼克的例子。他們是俄亥俄州北田諾達尼爾丘中學八年級的學生，他們可說是未來數位工作者的典型。他們咯咯笑著描述他們一起做家庭作業的方式。珊米說：「當我的家庭作業出現在螢幕上時，我透過線上即時通訊軟體同時與茱麗、雪儂跟吉妮在線上討論。」他們也說老師做的 Power Point 簡報實在是「無聊透了」。

我在上面帶領各位進行一趟同儕價值進展的快速之旅，而這還不包括無線通訊系統的發展。以茱麗的日本同儕百合子為例，九五％的日本少女每個人都至少有一支手機。①我也還沒有跟你說，海斯・洛依會用何種方式比你更容易找到你的員工。我也還沒有提到，馬尼拉成千的抗議民眾如何透過手機簡訊來罷黜菲律賓的總統艾斯特拉達（Estrada）。還有些故事你可能根本不想知道……

這些現象的共同點？在外部世界——也就是你的員工不在小辦公隔間時的避難所——的同儕連結中，應該重視什麼、而什麼又是有價值的標準都會逐步增加。這種創造

---

①原註：見《雅虎網路生活》（*Yahoo Internet Life*）二〇〇一年八月號第一〇二頁。

性破壞的力量是個十足的風暴。網路以及其他的通訊科技爲它創造了源源不斷的能量，讓人們可以越來越容易用他們認爲有價值的方式，在彼此之間產生連結、互相學習。

同儕價值的底線 你的公司可能要「伺候」非常重要的市場或是顧客的需求，但已經沒有人需要公司來幫助他們合作、分享或是創造了。現在人們可以自己組織的相當好，好到令人瞠目結舌，他們不需要你了。他們每天要面對的挑戰是從每一段人際互動及連結中，以最少的時間獲取最大的資源。

你會發現這本書有許多案例是跟組織面對這類挑戰相關的。思科（Cisco）、Trilogy、昇陽（Sun）、甚至比利時的百貨公司及公立博物館等，都在大量創造同儕價值之列。創造的方式可能是設定新的標準，或是把九九%的心力花在基礎事物之上。

然而，這些公司的成功或使用的實務不應是你公司最重要的速成秘方。不要將焦點放在專案計畫或是科技之上。讓我們回到前一章所提到的一個關鍵問題，問問自己：「我是否改變的夠多，可以讓我的員工瞭解到我對他們的尊重與信任？」

在才產二・〇的世界中，你的個人價值——你對他們的尊重與信任、提供給他們的自由等等——將會被他們以全新的方式測試。

你已經成立了訓練及發展部門。你核准資訊部門的預算。你支持或管理流程的變革、內部基礎建設的建置、以及各種工作工具的設計。這些都是促成工作完成的重要因素。

但才產二・○要你投入更多。你是否願意依照員工認爲最有價值的方式來規劃預算及策略？（不要忘記，在合作、團隊工作、學習，以及社群等方面，你的員工通常比你還高竿。）你是個同儕價值革命家嗎？

未來世界的絕佳工作環境將會檢視你到底能在同儕連結中產生多少價值。

四、才產二・○是極限領導

凌晨六點三○分，我站在船的甲板上，剛結束與羅柏・紐森（Rob Newson）的訪談。現在，我以時速四十七海哩的速度疾行在聖地牙哥海灣，因爲剛剛的一個一八○度大轉彎，我們的船被自己製造出來的浪峰猛然撞擊。

海軍上校羅柏・紐森是美國海軍海豹特遣隊的一員，同時也是第十二小艇隊及第七海豹特遣隊的執行官。我們剛剛在十一米的硬殼平底船上，這種平底船可以由直昇機、飛機或船隻投擲在距離目標一○○哩內的海上。這種硬殼平底船的任務便是負責接送海豹特遣隊、綠色貝雷帽特種部隊或其他特殊任務小組成員。紐森說，通常他們任務的目標都是要「引起爆炸」。

你要改造領導模式的決心也必須要如此才行。

今日大部分的領導者在運用員工的營運資本時，都將原因與效果分開來。領導者渾然不覺他們的決策浪費了多少員工的時間、知識以及技能。他們大部分都還沒有被迫著衝向以使用者爲中心的工具、架構、管理者以及溝通模式的潮流。

這種分離顯而易見，但請記住，你想要留住的人才是不會對這種情形忍受太久的。

極限領導的定義 紐森說：「我這個想法是來自於極限運動。在這類的運動中，眞正的領導者必須信賴自己的天分、手上的工具、以及支持者的才能和引導。但是其中的風險並不在於一個人的膽量有多大，而是在工作層次的難於防守。這是每天眞實的風險所在。眞正的風險在工作層面，而非在市場、政治或是策略層面。」

紐森創造了「極限領導」一詞，他是十九位被選爲專案計畫領導者的軍官之一。他們的任務是要提出西元二〇二〇年美國海軍的展望藍圖，包括領導者的領導方式。

如同你的工作一樣，所有的軍事組織也被迫要面對各種全球化的威脅。許多新的敵人是人數不多卻動作迅速的叛亂份子，他們進攻的方式完全不按牌理出牌。跟你一樣，軍事組織也需要爲人才而戰。

紐森的極限領導模式是根據他自己的經驗而來的。他說：「在海豹特遣隊，領導者與他的組員一起經歷所有的任務。沒有單獨爲軍官設計的課程。你跟組員做的事完全一樣，唯一的例外就是你比他們更常被吼。領導者是小組的一部份，從來沒有落到小組的界線之外。我想這是未來領導者的一項重要特色。未來的人才已經不再像過去二〇世紀的領導模式，他們可以解決的事情就跟面對最前線挑戰的領導者一樣多。」

他與他的小組成員一同設計了二〇〇一年的領導高峰會。海軍承諾要開始發展新觀點的領導模式，並推廣到六〇萬的海軍成員去。紐森說：「我詳細計畫了我們希望涵蓋的意見：盟約式的領導、授權與接受授權、信任與接受信任、教導與學習、領導概論等等。但要命名這項多元化的領導計畫時，我們的想法似乎陷在由上而下的角度中，這會加深領導者與被領導者之間的隔離感。此時我突然想到『極限領導』這個字眼，從此這主意便深植在我腦海中了。」

未來的領導模式將是對生命珍貴資產的無限責任。明日的領導者將會由霸道式的使用員工的時間、注意力及才能，轉而爲對這些才產的眞正尊敬。

新模式的推展　珍・哈波（Jane Harper）正在經歷這種最先進的新責任。她負責IBM的「Extreme Blue」天才孵育專案，這是爲期十一週的暑期實習計畫，有全球一百位資訊科學及企研所的學生來參加。

這些學生都是萬中選一的菁英份子。每一個小組裡都會有一位企研所學生，搭配三到四位技術背景的學生。有些團隊中甚至有一流高中的學生跟著見習計畫的進行，他們在進大學之後將有機會正式參加這項實習計畫。目前這計畫在德州、麻薩諸塞州以及矽谷的IBM公司進行。相關的計畫也在德國、以色列、英國及瑞士開始進行。

這些學生在實習期間可以定期接觸到公司最頂尖的十位領導者，包括執行長盧・葛斯特勒（Lou Gerstner）。在這段期間裡，他們接受公司幾位在技術或管理思維上最棒的主管親自指導。他們被賦予的專案有三個月內要達成的目標，並由相關事業單位輔助進行，而這些事業單位也期待他們能有突破性的成果。IBM每年花費六〇億美元在研發上，該公司將「Extreme Blue」視爲一個「學術孵卵器」，不斷培養創新所需要的人才。

哈波說道：「我們開始這項計畫是因爲，有一群非常優秀的人才在離開學校時，並不考慮要進IBM工作。爲了改變這種現象，我們努力走入校園，因此創造出這種非常棒的實習專案。」

「在我負責這計畫之前，我對領導者的想法與大部分的人及公司的期望差不多。但現在我有完全不同的想法。這個工作經驗徹底改變了我對於未來領導面貌的看法。未來的工作將與新型態的工作合約主題息息相關。」

「首先，員工不會害怕往上要求。這些學生知道他們只有幾個月的時間做出成果，因此他們不會希望自己的時間及才能被白白浪費。」哈波以這些學生的角度出發，提出了幾項學生心中的標準：

·「如果我不是做一些非常具有挑戰性或非常重要的工作，我可不會待在這裡。」哈波說，這一點是她的新員工最重視的一項判斷標準，遠遠超過其他標準。

·個人化的工作方式包括了我們爲了達到團隊目標所必須工作的方式。關於這一點，大家毫無異議的都認爲需要最好的工具，擁有充分的彈性達成目標、以及完全公開的資訊分享。

·同儕價值裡沒有失敗的經理人。哈波說這些學生對自己有十足的信心，他們也希望IBM不要令他們失望。

哈波說：「這些論調聽起來也許太過於自我中心，但其中更重要的一點是，他們的標準是基於我們對他們的期望而產生的。」

每一個專案小組都在暑假一開始時被賦予相當艱困的目標。專案包括了Linux應用程式的發展以及無線科技的技術發展等。在開學之前，所有的小組都必須在公司總部對二五〇位IBM人進行專案結果的簡報。這些IBM人包括了執行長葛斯特勒、總裁山姆・帕米沙諾（Sam Palmisano）、科技部門主管尼克・多納弗利歐（Nick Donofrio）以及人力資源主管藍迪・麥當諾（Randy McDonald）。

每一個小組只有四分鐘的時間來解釋他們專案的技術進展以及預期的企業效益。接著他們進入展示會議中，準備回答IBM人各式各樣的問題，例如「這是怎麼做的？」、「你這樣做的時候，想到的是什麼？」、「我們的競爭對手甲骨文（Oracle）或昇陽會怎麼樣攻擊我們？」

創造性破壞的最後一道力量　哈波觀察道：「我現在眞正感受到，領導的相關書籍中所提到的每一項規則，現在都在改變之中。由人的角度來看，現在已經不是我們這些公司、主管或是人力資源領導者在制訂規則了。這些搶手的人才告訴我們：『**如果要產生你所期望的結果，我需要這些東西。如此我們才會接受這份工作，否則我們不會來你的公司。**』」

「做爲一個領導者，如果我們還沒準備好用新的規則來打這場人才之戰，就太可恥了。」哈波做了這樣的結論。

未來的領導型態將會是挑戰極限的：

・你必須要以第一線員工的觀點，瞭解風險、瞭解工作。

・你的管理將會被質疑，這種質疑方式是你前所未見的。而這些質疑的目的都是爲了要追求更好的工作績效。

・你必須要從員工的觀點出發，建立信任以及溝通，以及符合需求的工具及系統。

・如果你將那些充滿熱情、鬥志，想要將工作做好的員工指派給一個蹩腳的經理人，你的公正性將會受到嚴重的質疑。

簡單來說，你必須要從「管理員工如何將工作完成」轉變爲「瞭解他們如何將工作完成」。接著，你必須要往前再邁進一步，跑在你所要領導的這些人之前。

請特別注意一點，儘管珍・哈波由暑期工讀生身上領悟到這些，極限領導的意思可不是讓孩子們向資深經理人發號施令。成熟絕對是件好事！領導者已經由最近的經驗中瞭解到，成熟、智慧以及利潤都是非常重要的。

不過，你倒應該要密切注意年輕人的誠實。他們會願意在工作生涯中儘早冒險，將他們心中的實話告訴公司主管。

對此你應該尊重，並且找到願意說實話的年輕人。

你應該讓自己身邊圍繞著願意重新建立同儕價值的人、願意敦促個人化工具的人、同時願意冒險以全新的方式來打這場人才之戰的人。

如果你要成爲一位極限領導者，你的團隊將充滿了協助你面對工作層次的障礙與憂慮的人才。

復習與回顧

創造性破壞的四道力量

這可稱爲一種開明的自利：以新的層次來尊重每一個個人，藉此提升生產力。

1．才產二．○是一場關於人才資產的革命

員工的才產包括了他們的時間、注意力、創意、技能、知識、熱情、精力、人際網路等等。你要如何運用這些才產創造出更好的投資報酬率？

2．才產二．○是個人化的工作方式

未來的工作型態是個人化且量身訂作的。資訊流、工具、薪資制度都會爲個人量身訂作，因此員工可以更加掌握自己的命運與前途。

3．才產二．〇重視同儕價值

沒有人需要公司來協助他們合作、分享、彼此瞭解或創造。員工自己可以組織的非常好，謝謝你。你是一個「中間人」，當同儕全都可以自己連結在一起的時候，你能提供什麼價值？

4．才產二．〇是極限領導

未來的領導型態是對生命珍貴資產的無限責任。由這一點開始，尊重包括了更加妥善的運用員工貢獻於工作上的各項才產。

3
員工

才產 2.0 對你們的意義

更多的自由背後隱藏了更大的責任。

在才產 2.0 的世界中，你必須要敏銳地瞭解你的時間、注意力、創意、知識、熱情、精力以及人際網路是怎麼被使用的。

對你自己的命運有更多掌控也意味著，

你必須讓你的心力花在眞正重要的工作之上。

這是最好的時機，也是最壞的時機。

——查理・狄更斯（Charles Dickens）

革命者的首要任務便是要擺脫它。

——艾比・霍夫曼（Abbie Hoffman，美國七〇年代知名反戰份子）

新工作合約將會爲你及我們所有人創造出一個智慧新世紀；同時它也會繼續是個愚蠢的世紀。才產二·〇的時代既是相信也是懷疑的時代。我們面前萬物齊備；我們面前一無所有。

狄更斯說得眞是太好了。

菁英領導令人興奮、也令人不知所措

是的，當越多的公司進入才產二·〇世界時，你跟你周遭的夥伴都會覺得獲得解放。新工作合約讓每一個人都能對自己的命運有更大的掌控。太棒了！那正是我們想要的。但是，如同你的父母常警告你的老話：對你祈禱想要的東西小心點，你很可能會得到它！

更多的自由背後隱藏了更大的責任。在才產二·〇的世界中，你必須要敏銳地瞭解你的時間、注意力、創意、知識、熱情、精力以及人際網路是怎麼被使用的。對你自己的命運有更多掌控也意味著，你必須讓你的心力花在眞正重要的工作之上。你很難站在你的團隊外說：「要是他們換種方法做就好了。」

這對我有什麼意義？

這本書的設計是要協助領導者思考他們現在所面對的困難問題。無疑的，如果他們開始向這份新工作合約靠攏，你也同樣要面對一些艱困的問題，例如：

我是否已經準備好，跟菁英中的菁英競爭？

根據定義，我們之中有八成的人無法站在頂尖員工之列。「擁有好點子、或是能想出好點子的員工當然可以適應這個新菁英世界。我們這裡談的是權力的普及化。」智慧企業（Intellectual Ventures）創辦人之一的納森・米爾弗德（Nathan Myhrvold）做了以上的表示①。在這新工作合約中，權力的普及化程度是我們前所未見的。這也表示企業中已經沒有多少安全地帶可供那些不太優秀的員工喘息了。

---

①原註：見《極速企業》（*Fast Company*）二〇〇一年一月號第一〇六頁。

我是否已經準備好，爲自己的決定負百分之百的責任？

你可以跑，但是你無處可躲。才產二・〇會注意到你的。

我的技能是什麼？

在才產二・〇的世界中，個人品牌、行銷以及網路化程度都會持續增加。你必須要瞭解你自己的最佳技能所在，並且懂得推銷自己。在未來，每個人都必須要擁有的技能包括：研究能力、整合能力、組織能力、在不同的事件與資訊中找出特定的趨勢或型態、幫助他人、建立各種假設情境、仔細傾聽、簡單而有效的溝通，同時能在各種情況下快速學習。

我的缺點是什麼？

將這想作是「荒野狼症候群」②。在這個美麗新世界中，溝通以及責任都是透明的，

---

② 譯註：荒野狼是華納公司的卡通人物。

如果你要掌控個人化的工作型態，你的優點及缺點都會赤裸裸地顯現在大家的面前。

我的才產投資在公司後，要多久才能看到報酬成果？

這個問題非常困難。我們大部分的人都相信，只要我們再撐久……一點點，我們花在公司的時間、心力或是人際網路就會值得了。但是在才產二・〇的世界中，你必須要仔細評估，決定何時留下、何時抽身，這樣的評估要快而且準。

老實說，我有多少種不同向度的領悟性？

當然，你尊重所有不同生活形態、不同膚色、穿不同鞋號的人。但在接下來的一〇年，全球化會持續搞混你的世界，你必須要跟擁有不同營運資本的人組成團隊，一起工作。全球化及多樣化的社會性仍在萌芽階段，目前還算是單純。如果才產二・〇的環境以快速而強烈的方式席捲而來，要求領導者展現他們的尊重以及信任，它也會需要員工有同樣的表現，那麼這可能會是你在與其他人互動時所要面對的最大挑戰。

我對自己的工作生涯有什麼願景？

現在，我們面對的每一天都是一張空白的畫布。工作變成了你生活中如影隨形的一部份。當你長大時，你是否眞的知道你要的是什麼？你對於自己的願景必須要能主導你越來越多的人生決定。因爲才產二・〇的環境中，仍然會有一堆雜七雜八的工作，辦公室政治也仍然存在，它無法將差勁的老闆換掉，也無法減少那些對你而言不是最好的機會。這份新工作合約不會幫你打點所有丟到你面前的資訊或選擇。你心裡必須要有個清楚的聲音來指引你前進的方向。

因此，這對你的意義便在於，才產二・〇的世界讓你有豐富的機會對自己的角色做充分的準備。將這本書當作工具，它可以幫助你以新的方式將你帶到任何公司的才產表達出來，並且要求得到你所需要的工具及支援，同時協助你的團隊以更有效的方式進行合作。（請參考第九十頁的給工作者的五個步驟。）

爲什麼這是一本領導管理類的書？

如果這本書是要協助你思索以上的種種問題，並且想出最終的答案，那麼爲什麼這

員工指南：越過兩代缺口

才產 1.0	才產 2.0
由「他們」制訂社會性合約	由你--公司的「人才」--發展制訂工作合約
獲得准許、爲公司賣命	被熱情驅動，否則就走人
維持精力，聯盟	浪費員工精力的事物將會被丟棄
找出時間、利用時間	浪費員工時間的事物將會被跳過
尊重、信任、正直 1.0 版：你被對待的方式	尊重、信任、正直 2.0 版：你跟你的「才產」被對待的方式
天啊，眞是個絕佳的工作環境	天啊，我的「才產」投資報酬率眞高

本書不定位爲一般大衆自助手冊呢？比如說：「如何在才產二・〇的世界中搬走你的乳酪」之類的。

你的應變能力將是成功跳躍到才產二・〇境界的關鍵要素。但是領導者也必須要先設立出新的標準，以便建立並維持你的工作環境。在這本書中，我主要是從你的觀點出發，讓領導者瞭解一個更簡單、更有生產力、以及更棒的工作環境是什麼樣子。

我在這裡舉一個例子：

喜歡度假的家庭或是常在各地奔波的人都知道，在二〇〇一年九月的經濟危機之前，航空旅遊長期存在著相當嚴重的問題。在一九九一到二〇〇〇年間，擁擠的飛機、班機取消及延誤是家常便飯，而航空公司提供的「友善」溝通管道一點都不友善，只是徒增旅途的不愉快。美國政府對於旅客層出不窮的抱怨極端厭倦，因此便運用他們無限的智慧通過了旅客人權法案，依此法案，旅客理應可以獲得需要的尊重。是啊，好像要求航空公司有禮貌一點就有幫助似的。以更好的溝通方式來傳達飛機延誤的訊息，當然是對旅客多一點點尊重，但這絲毫不能改善旅客抱怨的根源所在。爲了要發展出一個突破性的旅客人權法案，我們需要解決以下重點：

- 機場安全（這是第一要務）
- 控制所有航空飛航量的科技基礎建設
- 班表過度擁擠的現象，旅客完全知道這些班機根本不會起飛
- 機場的規模

在機場的問題中有一個非常微妙的平衡作用，這些問題是由許多不同選民所共同面臨的問題。但這種情形在大部分的公司不會發生。你的領導者只要負責你的「飛行流量」就夠了——也就是驅使你各項營運的目標以及內部基礎建設。他們負責建造控制塔台，配置資源，並且設立標準，讓你跟你的同儕進行溝通，同時互相學習。他們決定你的事業單位大小以及管理的模式。

我曾在《簡單就是力量》一書中提到，偉大的公司可以讓工作運作，但簡單的公司

可以用不同的方式讓工作運作。它們往回探索人的需求，同時它們也瞭解，如果員工所需的工具、流程以及資訊都是以他們的需求爲基礎，那麼他們就會信任公司的內部基礎建設是有助於讓他們更聰明地完成工作。

希望我們也可以協助你的領導者，往回探索出完成一件偉大工作中，你眞正需要的資源。

你可以做什麼

才產革命改變了我們談論的一切　做一個異議人士，一個讓公司傷腦筋的員工。倡導個人生產力，倡導才產革命，不斷的提出問題、問題、問題！

對你而言，你從這本書得到的最重要結果就是開始問一些全新的問題。對你的領導者問新問題、對你自己以及你的同儕問新的問題。

對領導者提出質疑　蕭伯納（George Bernard Shaw）曾說過：「理性的人會改變自己以融入世界；不理性的人則堅持要世界爲他而改變。因此，世界上所有的進步都要仰賴這些不理性的人。」不要退縮。不要讀完這本書之後說：「要是我的老闆看過這本書就好了！」要做一個不理性的人，詢問這些工具是怎麼設計的、你跟你的經理是怎麼被訓練的、團隊是怎麼形成的。所有的進步都靠你了。

對你自己提出新問題　《愛麗絲夢遊仙境》裡的公爵夫人說：「嘖、嘖，孩子，每一件事背後都有一些寓意，就靠你去發現。」如果你成功地吸收了本書這些內容，你應該會產生許許多多的問題跟答案才對。但這些是全新的問題，將會指引你到截然不同的工作方式去。快快與這些問題搏鬥。我們在第二章介紹極限領導中ＩＢＭ的案例時，曾提到珍・哈波，她坦言說：「我們現在在做的事情，在未來的三年內將成爲企業界的家常便飯。」

如果才產二・〇的世界讓你感到興奮，那麼現在就準備跳到這世界吧！

開始啓動，進入工作新世紀

給工作者的五個步驟

1．傳閱這份新工作合約

討論本書第十九到三十一頁的新工作合約，找出跟你目前狀況及公司狀況最有關的部分。讓這些發現改變你們的對話內容。不同的對話內容可以讓一個差勁的總裁下台。（如第二章的個案）你也可以在 www.work2.com 找到電子郵件版本的工作合約。

2．問你的老闆一些新問題

運用你在本書中學到的，問問你老闆幾個新問題，例如：

·直接了當式：「我如何知道你重視我的時間？」

·後門式：「你如何向你的老闆說明我的工作需求？」

·又愛又怕式：「你在工作中，有多少時間花在完成絕佳的工作任務上？」（如果對你的老闆而言，花在絕佳工作任務上的時間不夠，那麼你能花費的比例肯定就更少了。）

3．做「公司」的作業：完成指標

請翻到第一〇九頁，這裡有一份指標可以測驗出你的公司在才產二．〇世界的有效性。填完後將結果傳閱。這份指標對許多組織都是一項沈重的打擊。www.work2.com 網站上有電子郵件版本的測驗。

4．做「你個人」的作業：列出清單

拿出一張紙，在紙中間劃下一條線。在左半部，列出你閱讀本書之後的新想法和內省（可參考第八十二到八十五頁的建議）。在右半部，進行腦力激盪，列出可以協助你回答左列問題的資源，例如：

- 「師父」、前輩、團隊夥伴、教練、家人、朋友等
- 書籍、網站、各種資訊來源

・各種實務社群、團體或研討會

大部分的人會發現他們都正在開始他們的第一步！

5・向管理階層說眞話

永遠要這樣做。

第二部　如果你是玩眞的

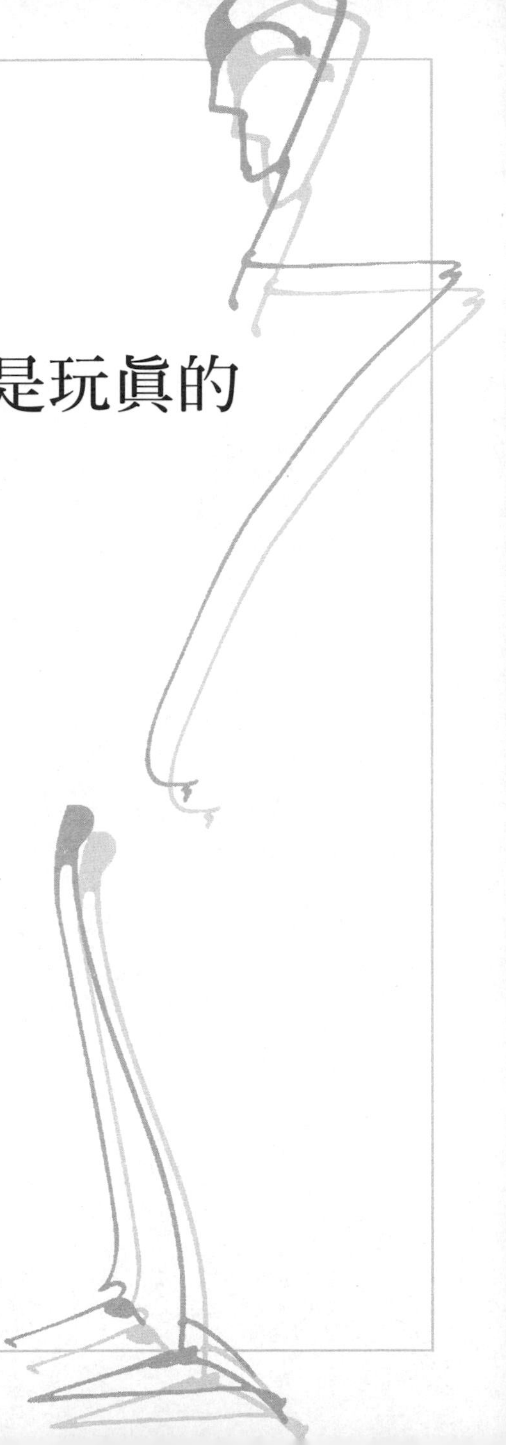

協助你在才產2.0世界中成功的工具及秘訣：

新的規則

新的指導原則

新的人才之戰

規則一・擁抱才產革命

規則二・建立個人化的工作方式型態

規則三・創造同儕價值

規則四・發展極限領導者

4

規則一

擁抱才產革命

大部分的公司都不知如何觀察工作實際完成的方式，

也找不出對員工而言最重要的事。

該是落實紀律來做這些事的時候了。

缺乏紀律與持續貫徹造成組織內時間與精力不斷的浪費。

如果你想要改善營運資本被使用的方式，

請再多觀察一點！

有些人看見既存的事實並且問：爲什麼？

有些人夢想著一些從未發生過的事，並且問：爲什麼不？

有些人忙著工作，沒有時間想上面這些事情……

——喬治·卡林（George Carlin，美國知名單口相聲喜劇演員）

絕佳的工作環境會尊重生命珍貴的資產

根據美國勞工局的統計，製造業中的加班費用（包括強制加班）一直很高。許多公司發現，收買既有員工更多的時間比訓練另外一個新手還要划算。美國線上（America Online, AOL）則希望完全不要付出代價。根據《富比士》雜誌（*Forbes*）ASAP二〇〇一稽核，在過去十年，美國線上使用了一萬六千名志願者主持聊天室，並監督線上發表的各文章。他們可以得到什麼？免費使用美國線上的功能，目前是每個月一九．九五美元。《富比士》估計，在一九九二到二〇〇〇年間，這些志願者大概幫美國線上省下了十億美元的費用。

這樣的策略對於那些循規蹈矩的普通員工和以小時計薪的人員可能有效，但你的人才大都希望他們投資在公司的時間、知識以及人際資產能夠有更高的報酬。

聰明的公司會開始用一個非常簡單的概念來開啓這場人才之戰，這個概念便是改善他們使用員工時間與精力的方式，以此來創造更棒的工作環境，達成企業績效的提升。

才產二・〇觀察站

如果你想看看才產革命的第一線運作，你可以看看Colruyt的例子。這是位於比利時的連鎖折扣店，該折扣店號稱全國最便宜，其連鎖店數高達一五〇家。

達克・摩特曼（Dirk Mortelmans）與約翰・德哈斯勒（Johan D'Haeseleer）協助該零售業者重新定義營運資本的使用方式。他們的名片上印製的職稱是「Werkvereenvoudiger」以及「Simplificateur de Travail」，分別是荷蘭文及法文的「工作簡化專家」。

摩特曼說：「我們的工作是為員工及顧客節省時間，減少麻煩。」

德哈斯勒接著說：「我們的工作可以分為以下八個部分」：

1．深入研究工作到底是怎麼完成的。持續觀察員工所面臨的挑戰。

2．到處走動，研究。藉著到處走動找出簡化工作的方法。

3．充滿好奇，大量發問。（事實上，他用的字眼是：「做一個令人頭痛的好奇寶寶。對每一個狀況至少問五次的『為什麼？』。」

4．進行各種能夠促進簡化的對話以及規劃。「這樣的對話可以將我們的文化、價值與日常工作連結起來。」

5．注意與生產力有關的任何事情。「我們應該在小時之下再細分為秒鐘。在這裡，小即是美。我們寧願有十個個別價值一千元的專案，而不是一個價值一萬元的大計畫。我們也針對每一項努力所產生的影響進行衡量。」

6．教導員工工作簡化的內容。告訴他們，這在Colruty公司裡將會如何運作，並溝通如此做的目的。

7．懶惰一點！懶惰並不代表不願意工作，而是讓事情保持簡單的好方法之一。

8．將焦點放在「提供低價給顧客」以及「爭取公司更高利潤」兩件事上。

德哈斯勒表示，工作簡化專家目標清楚。他們要在今年增加公司三％的生產力、減少一五〇位員工的流動、同時讓創意落實執行的增加幅度達到五〇％。

其中值得一提的是「流動率」的數字。在一個利潤低、流動率高的產業中，Colruyt正在嘗試要以新的方式來應付這場人才之戰，而它的方法便是將焦點放在工作本身。新的人才之戰重點是，如何節省員工的時間以及麻煩。所有的員工，由折扣商店店員到高級知識工作者，大家都在尋找同樣的一件事：以更容易的方法達到更大的工作成就。

才產三部曲

Colruyt 公司使用三個不斷循環的原則，這三原則分佈在組織擁抱才產革命的整個過程中。這三項原則分別爲：

- **觀察**
- **衡量**
- **討論**

工作簡化專家到處走動，觀察工作是如何完成的；同時衡量公司的成本節省方案、追蹤各種燙手山芋的處理進度；最後透過引導式討論從旁進行輔導。深入瞭解以上每一項原則，那麼，你將走在前往才產二・○的康莊大道上。

觀察眞正重要的事情

數年前，全錄公司始終無法瞭解，爲什麼公司的客服代表如此缺乏效率。在客服中心的工作站，服務代表並沒有依照他們受訓的方式來使用對應的術語。他們必須在不同的回應客戶問題模式中跳來跳去。客服中心電話的錄影帶顯示了兩件事：第一，回應客戶問題的模式設計與客戶常詢問的問題有些出入。第二點，此模式更新的速度太慢，因此服務代表爲了要回答顧客的問題，只得另創一些比較有效率的法子。

全錄可不是唯一對工作實際運作的方法摸不著頭緒的公司。老實說，大部分的公司都不知如何觀察工作實際完成的方式，也找不出對員工而言最重要的事。該是落實紀律來做這些事的時候了。缺乏紀律與持續貫徹造成組織內時間與精力不斷的浪費。如果你想要改善營運資本被使用的方式，請再多觀察一點！

觀察的技術有相當多不同的種類。Colruyt 公司使用「走動式觀察法」。到二〇〇三年，他們將會訓練二十位工作簡化專家，每週有四天的時間會在各分店及倉庫間持續走動。另外，美國著名的家具製造商 Steelcase 公司則直接使用人類學及人種學等社會科學模式進行資料收集。舉例來說，爲了要瞭解Oxygen Media超過四百位員工在紐約辦公室工作的狀況，Steelcase公司將他們上班的狀況拍攝下來，並請他們填寫問卷，甚至使用一套自有的軟體程式來描繪他們的人際互動網路。

「我們處於工作設計的新時代，我們正在改變人們工作的方式。」Steelcase公司的環境及進階應用設計主管喬依思・布魯伯格（Joyce Bromberg）如是說：「我們實際上是共同設計：客戶公司的員工幾乎創造了所有的事情。當他們的工具、內部基礎建設、空間全部湊在一起的時候，所有軟硬體、人力、需求都將被充分整合。某一群員工可能需要一個新的合作空間，另外一群可能需要對資訊流有更多的掌控。每一個解決方案都是獨一無二的。但每一個方案都必須要以同樣

擁抱才產革命【開始行動查核表】

這樣做	不要這樣做
1.觀察眞正重要的 觀察員工是如何花費時間、才能以及精力在工作上。	待在主管辦公室裡，悶頭規劃員工「才產」的使用配置。
2.衡量眞正重要的 追蹤「你建置的工具」與「員工眞正的需求」兩者之間的差距。	將「員工滿意度」與「工作需求滿意度」混爲一談。
3.討論眞正重要的 贊助、支持以及維護那些可以將你推進才產2.0世界的溝通模式。	關閉與員工的對話之門，以爲這些討論是沒有意義的。

的方式開始：觀察人們是如何工作的。」

「當工作的設計越來越上軌道之後，這種轉換將可以強迫資深主管做出一些重要的決定。」她繼續說：「他們到底是要追求更高的效率、或是更好的效果？對他們來說，追求組織效率是比較容易的，但要達到此目的的方法中，卻很少將觀察人們工作的情形、或是審慎考慮各種社會、智慧或是人力資本考慮在內。追求更好的效果不但是需要完成某些工作，還必須思考工作本身如何吸引及激勵員工。」

沒錯。說的比較直接一點，「效率」是你認爲時間、才能、精力、知識、人際網路應該如何被使用；而「效果」則必須回溯到擁有這些才產的人，他們認爲自己的才產應該如何被使用。這兩種觀點都有其道理，也都非常重要。身爲人才之戰的一部分，員工將會等著看你如何處理這兩者之間的緊綳關係，或是看你是不是會嘗試去處理。

衡量眞正重要的指標

「我的工作讓我最喜歡的一點，便是其中含有相當多的分析工作。」昇陽微電腦系統公司的職場效度小組負責人安・班斯柏格做了以上的表示。她具有土木工程學士以及史丹佛企管碩士的背景，這讓她在工程導向的昇陽公司如魚得水。回想過去十年來在昇陽的工作時光，她笑著說：「我喜歡瘋狂追逐各種事物的結果與答案，並且與一群具壓迫感又聰明的線性思考者爲伍。」

她解釋說：「我們的使命是要設計出一個未來的工作環境。我越來越發現，在未來的工作環境中，**社交能力**將是最重要的元素。我們與其他人類**連結**的方式是非常關鍵的，但這一點很難有效地進行追蹤。資訊科技可能是連結人與人的最大驅力，但通常也是最大的障礙。因此，我們嘗試以逆向思考的方式，反向建構出一個理想的工作環境：我們從員工需要完成的任務開始往回追溯，看看他們是如何完成這些任務的。」

「我們以員工的需求爲中心，開始建立一個完整的衡量架構。每隔六個月，我們針對全球各地的六千名員工，以標準的前干預技術和後干預技術（pre- and post-intervention measures）來進行衡量。我們追蹤個人生產力：員工是否能找到讓他完成工作所需要的人、員工對團隊合作的需求是否獲得滿足、他們在需要專心思考的時候，是否能有獨立的空間，諸如此類的。」

爲了要達成以上的目標，昇陽首先導入一項叫做「移動辦公室」（Network of Places）的計畫。這個計畫的構想是要讓員工隨時隨地都可以獲得工作上所需的人力或相關的資

早期的例子

Colruyt公司	工作簡化專家：折扣商店將需要即時解決的問題與工作既有流程及功能分開。 目標：讓員工可以更容易地展現出與眾不同的工作成果，同時節省他們的時間。
Oxygen Media	以社群爲基礎的規劃：與Steelcase公司針對職場社群規範及每日活動進行深度研究。根據員工實際工作的方式來重新設計職場的空間。
Screaming Media	「21分鐘」會議：公司所有專案會議都必須接受這項嚴格的規定限制。目標是要協助員工學習快速成功、同時檢視職責分配，不浪費任何人的時間。 結果：減少各階層例行的工作進度報告，各專案領導人有更多的時間可以協助彼此。
昇陽微系統 (Sun Microsystems)	「臨時辦公室」及iWork策略：使用員工通勤、顧客需求，以及工作需求等資料來建立迷你衛星辦公室，並著手建立以個人生產力爲重點的衡量系統。

源。

該項計畫將員工主要的工作地點做爲活動的中心，而「臨時辦公室」（"drop-in" space）則設立在工作地點與員工的住家之間。最後，該計畫將所有可能的工作地點——員工的住家、出差的飯店房間、以及客戶的辦公室等都納入這個「移動辦公室」路徑之中。班斯伯格說，僅透過口耳相傳，第一批臨時辦公室在營運的兩天內都是客滿的。

接下來，昇陽開始進行所謂的「iWork」策略，這項計畫加入了網際網路以及電腦設備。班斯柏格說：「我們希望員工能夠自己選擇工作時間與地點，藉此擁有更大的工作能力。在這樣的計畫中，主要的挑戰並不在於科技技術，我們所需要的技術大部分都已經有了。我們現在欠缺的是新一代的管理技巧，協助我們進行結果導向的管理，並針對我們建立的指標進行衡量，但同時仍能讓員工對自己工作的地點、時間與方式有更大的控制權。我們非常謹愼地進行 iWork 計畫的硏究，因爲我們在其中看到了相當大的契機，讓我們有機會發展出一套全新的管理方式。」

在激烈的競爭壓力之下，昇陽以及 Steelcase 等公司發展的各種職場衡量系統很快便成爲業界常見的工具。當你想要再往前跨進一步時，你知道要從哪裡開始嗎?你要衡量的有哪些指標?怎麼樣才能確定哪些是眞正重要的?

簡森集團（Jensen Group）從西元一九九九年開始，持續追蹤新經濟時代的職場中最重要的六項關鍵向度，我們稱此爲「工作更簡單」指標（SimplerWork Index）。本書第一〇九頁便是上述衡量工具的簡化版本。現在就動手塡塡看!將結果與你的同事分享並互做比較。但我得事先提出警告——你可能不會喜歡最後的結果。某家國際知名公司的人力資源部門主管剛塡完這份量表，並與他的員工進行比較，我們看到了以下的結果：（他們使用完整版的版本，評分由一分到十分，一代表「非常糟糕」，而十代表「太棒了」。）

「工作更簡單」指標：

本量表衡量「絕佳的工作環境」以及「激發員工絕佳表現的要素」二者間的關連性

新經濟時代中，絕佳工作環境的六大衡量向度

	非常同意	同意	不反對也不同意	不同意	非常不同意
1. 更清楚明白 我的經理對於資訊的組織及分享讓我更有效率地完成工作。	○	○	○	○	○
2. 領航 在我工作的環境中，我可以很容易的找到我需要的人事物，讓我更快而有效率地完成工作。	○	○	○	○	○
3. 基本原則的執行 在我工作的環境中，我可以很容易的取得各項資訊--包括正確的資訊、正確的方式以及正確的數量--以便完成我的工作。	○	○	○	○	○
4. 合用性 在我工作的環境中，公司用來協助員工完成工作的各項輔助器材是很容易使用的。（輔助器材包括工具、訓練、指導手冊、資訊科技等。）	○	○	○	○	○
5. 速度 在我工作的環境中，上述的各項工作輔助器材可以在我需要的時候，快速地提供我必要的協助。	○	○	○	○	○
6. 時間 我的公司尊重我的時間以及我爲公司投注的心力，並且致力於以有效而有智慧的方式使用我的時間。	○	○	○	○	○

註1：以上為簡化版，完整版的問卷有50個問題。

註2：電子郵件版本可以上網到www.work2.com取得。

・這名人力資源主管給他的公司評分多爲六、七、八分。

・員工給公司的評分落在〇到四分之間。

這一點可眞讓這位資深主管大吃一驚！

在我完成這本書之時，有超過一百家公司、七千五百名以上的員工進行了第一〇九頁的調查。我們在其中發現了以下幾件事：

・領航：公司在協助員工以更有效率的方式進行工作這件事上，員工平均滿意度只有二五％。

・適用性：公司針對員工的工作需求設計相關流程及工具，員工對此的滿意度只有一五％。

・時間：公司在對員工時間的尊重這項得分最低，表示滿意的員工只有一〇％。

以上每一項數字都代表了新工作型態背後的新問題。在這樣的工作型態中，員工已經越來越厭倦那些不知員工工作需求爲何的公司了。

公司的資深主管喜歡使用「齊一」這字眼，他們會說：「我們必須要跟我們的策略規劃齊一。」如果你想要在新時代的工作型態中獲勝，你也必須要跟員工眼中眞正重要的事物齊一，並進行衡量。在未來的世界中，絕佳的工作環境將會以員工的工作需求爲中心，發展出更深入而健全的衡量系統。

討論眞正重要的議題

找回熱情顯然不是安・班斯柏格的核心能力。她接著說：「停止這瘋狂的行爲！讓我們停止建立那些愚蠢的、傳統的環境。停！快停止！讓我們多花點心力注意員工到底要什麼。公司付我薪水，是要我對我們的內部基礎建設做出更明智的決定。而事實上，我花了相當多的時間在跟主管遊說，我們的員工告訴我他們眞正需要的事物。」

「大部分的員工都在尋找三件事：更多的自由、更多的選擇、以及更多的掌控。員工希望對自己花費在工作上的時間有更多的掌控，對影響他們未來的事物有更多的掌控。他們希望有更多的自由，可以依照他們所知做出最正確的決策。而這種自由的前提是必須要有適當的工具、支援及訓練，讓他們能夠做出這些決策。昇陽以及我們所有的競爭對手都在二〇〇〇年中開始有相當大的進展，也更能正視問題本身：員工所需要的事物中，有什麼是我們可以提供的？什麼樣的自由？什麼樣的選擇？多大的掌控度？經過六個月後，因爲經濟景氣衰退的壓力，上述所有的計畫都緊急喊停。但這些工作需求並沒有因此煙消雲散：只是這些需求全都鑽到地底下去了。

「鑽到地底下」，這是一個很棒的字眼，貼切地描寫了許多公司目前所面臨的才產革命窘境。

不要以爲經濟不景氣，這些基本的工作需求就會跟著減少。事實上，當人們越難依照意志，自由地在公司間跳槽時，員工時間是如何被使用就變得格外重要了。同樣的，他們對於將才產投資在你公司的報酬率，也會每日、每週、每月地跟你斤斤計較。如果你沒有在眼前看到這些期望跟需求，去地底下瞧瞧吧。

在讀完這本書之後，你可以採取的最重要的行

你需要的新面孔

傻子	向高層說眞話：在中古時代，傻子是唯一能夠避開懲罰的人。大部分的主管都需要一個「密友」，不斷告訴他們，公司到底是如何使用員工的時間及精力。
新數量專家	衡量工作設計：你需要眞正「浸」在工作設計資料的人。（見Steelcase及昇陽的個案。）
新人性專家	瞭解工作設計：當我們將焦點放回工作本身來解決員工的問題時，人力資源部門通常對此束手無策。你必須要找到一個人，在專注於專案、系統、架構以及工具之時，仍能心懷員工需求。

動，就是開啓與員工的全新對話。將地底下的討論搬到檯面上來吧！在完成「工作更簡單」指標之後，這將代表著：

- 改變你的全方位回饋流程，將「管理階層在協助員工更聰明、更快速地完成工作上的效果」納入衡量回饋。
- 改變你評估溝通及知識管理效果的方式。
- 與員工舉行小型會議，請他們針對使用的工具以及訓練進行評分。
- 在下一次舉行全員會議時，問問你的員工：「我們對你的時間以及注意力的尊重程度有多高？我們是否將焦點集中在更明智、更有效地使用你們的才產？」

你已經知道，與你的員工進行良好溝通及互動是領導者的重要角色之一。如果你其他什麼都沒做，請運用你在公司中的領導地位，改變組織內的對話模式。散發出一個強而有力又簡單的想法：尊重個體的企業文化都必須要設立標準，藉以表達對於員工人生中珍貴資產的重視，也就是他們的時間以及精力。

建立、支持並維護這樣的溝通。接著，你的員工便會引導你走向對的路上去。

才產二・〇的「尊重」新解

在過去二十多年來，設計專案計畫的負責人通常都會針對工作生活及均衡的概念進行調和。這些計畫包括了托兒中心以及養老照顧、服務台、休假等等，大部分都是工作以外的生活。

才產二・〇的員工對上述計畫當然非常感激，他們也在乎福利，但他們要的更多。他們會進一步督促你對工作本身也同樣做出一些思考：工作本身要如何才對員工有益？一天內可以壓縮進多少的學習機會？一個人的才能到底如何有效地被使用？諸如此類的。

才產二・〇的員工知道，在對你對他們都有重要意義的數字中，有一個是永遠不變的：一四四〇——這是一天的總分鐘數。不管他們在總分鐘數裡，花了多少在你的公司，他們對自己投資的時間都期望更高的報酬，更少的浪費。

調查數字大公開

「工作更簡單」指標調查結果

1・更清楚明白

評估經理人是否能有效地協助個別的員工以更聰明、更快速的方式進行工作。

有**四五%**的受訪者對這一點表示同意。

2・領航

評估公司是否能有效協助個人尋找到他在工作過程中所需要的人事物。

有**二五%**的受訪者對這一點表示同意。

3・基本原則的執行

評估公司是否能有效地進行工作導向的溝通及知識管理。

有**二五%**的受訪者對這一點表示同意。

4・合用性

評估公司是否有效地提供各種工作設計，協助員工完成工作任務。

有**一五%**受訪者對這一點表示同意。

5·速度

評估公司在全天候且全年無休的快速工作世界中，是否能有效賦予員工能力。

有一二%的受訪者對這一點表示同意。

6·時間

評估公司是否能尊重員工的時間，將此視爲員工投資在公司的一項才產。

有一〇%的受訪者對這一點表示同意。

說明：在網路上的統計數字可能稍有不同。七千五百位個人參加的是經過設計的資料收集過程，而這個活動並沒有在網路上進行。在網路上進行的部分是由使用者自己選擇的，並沒有經過一些條件的控制。

5

規則二

建立個人化的工作方式型態

個人化的工具以及文化將會提高絕佳工作環境的標準。

員工對搭便車可沒有興趣，

他們要的是一個爲他們量身訂作的工作環境，

讓他們可以更輕易地發揮自己的能力，表現出最好的一面。

形式追隨功能。

——路易斯・亨利・蘇利文（Louis Henri Sullivan，建築師）

此後，宇宙將會爆發充滿令你愉悅的火花。

——道格拉斯・亞當斯（Douglas Adams，終身便車旅行者）

絕佳的工作環境讓員工創造更好的績效

近年來，鐘擺理論中往兩邊擺動的幅度都超過原有的標準。以老闆爲中心的網路公司提供員工大量的認股權、休閒以及生活品質，但公司的生產力及利潤卻沒有增加。對許多人來說，那代表著無盡的自我沈溺。另外一種以老闆爲中心的公司——刪減了大筆預算和大量人力的那一種——也同樣瀕臨破產邊緣：這樣的策略爲公司提供短暫的喘息，但對於面對的問題也無計可施，同時爲那些留下來的員工產生相當多的恐懼跟譏笑。

個人化的工作方式位在這兩種過度反應的中間地帶。這種方法可以依照個人需求剪裁資訊、工具以及經驗，但目標仍是明確地鎖定在提高企業績效、生產力以及個人績效之上。

對個人而言　工作變得越來越複雜、互相交錯以及快速，因此員工想要在你所提供的工具及系統之中，尋找最適合自己的個人化經驗是非常正當的需求。這是他們能趕上變革步伐、盡力做到最好、並能同時管理生活與工作的不二法門。但這種個人化的模式也同樣讓你的員工背負起更大的責任。根據定義，當工作變得越來越個人化的時候，每一位員工都會有更大的擁有感，同時也對最後績效有更多的責任。

對公司而言 公司將重點放在個人生產力及績效的提升，藉此可以更快地以較低的成本獲得績效的基本要求，因爲第一線及中階的員工自己知道應該做些什麼，以便更快達成目標。這是一個很棒的消息。但在好消息背後接踵而來的挑戰是：你是否願意改變你跟員工之間的關係？個人化工作模式的進展將會改變他們做選擇的方式。你是否願意下放更多控制權給你的員工，讓他們得以對自己的命運有更多的掌控，你也因此獲得最後的勝利呢？

才產二·〇觀察站

從哪裡開始？ 如果你個人化工作方式的推展計畫中包括了員工福利計畫，那麼你已經做對方向了。另外，創造個人化的資訊工具、入口、知識管理等也都是正確的。個人化的訓練及發展計畫？沒錯。量身訂作的線上學習系統、彈性工時、假期、給薪休假、虛擬工作同意書等等。沒錯，就是這些。

試著分析所有的個人化戰術以及工具，選擇一個最有利的起點開始進行，這將會炸掉你的頭，這太過頭了，千萬別這樣做！

相反的，你應該將焦點放在「個人化的工作方式將如何改變你與員工的關係」這一點來思考。讓員工對自己的前途命運有更多的掌握，這代表著對個人深度的尊重，而這在許多公司都是非常缺乏的。

考慮一對一的顧客關係爲你帶來的威力。如果你的組織眞的致力於個別化地對待每一位顧客（而不是高舉顧客導向的旗幟，實則想要降低成本），你應該瞭解這種客製化的效果有多強。你的顧客會不斷光顧，因爲你減少他們的麻煩、瞭解他們的需求，同時也讓他們輕輕鬆鬆做到最好。

這一點也同樣適用在你最優秀的員工身上。個人化的工具以及文化將會提高絕佳工作環境的標準。員工對搭便車可沒有興趣，他們要的是一個爲他們量身訂作的工作環境，讓他們可以更輕易地發揮自己的能力，表現出最好的一面。

因此，個人化的文化將會爲公司帶來新的責任：瞭解我。瞭解我的工作。瞭解能夠激勵我的事物。瞭解我需要什麼。瞭解如何幫助我。（請參考第一百二十五頁到一百二十六頁個人化的工作方式的九大項目。）

在此同時，這種工作型態也增加了員工對工作目標、個人發展及績效的擁有感。一且員工接受了個人化的學習計畫、瞭解公司架構的組織、或是參與團隊成員的甄選流程，因此對自己的個人生產力背負更大的責任時，就不會再往回走了。以後就不再是由某些資深主管要求員工背負更大的挑戰，而是員工會主動參與、共同擁有，並且全力以赴。

兩者有什麼不同？

老方法vs.才產二・〇的個人化的工作方式

過去的方法著重在以金手銬創造出一個絕佳的工作環境：讓其他公司難以模仿你的津貼、福利以及文化，但在生產力或個人責任感上並沒有特別強調。這方法當然很棒……如果你負擔得起的話。

老方法的模式

員工在經過你門口的時候，都會敲三下鞋跟，說道：「世上只有工作好，沒有別的比得了……」

老方法的典型公司：BMC軟體公司

銀行、商店、乾洗店、理髮店、美容沙龍，大學城裡有的這裏都有。另外還有健身房、籃球場、劇院、沙灘排球等等。廚師挑選園子裡最新鮮的蔬菜，作爲今日菜單。員工有午睡休息的場所，還有雕塑課程可上。

才產二・〇個人化的工作方式典型的公司：從缺

但個別的做法已經如雨後春筍般冒出來了。看看各公司在「個人化福利」中的改變：查理斯・史瓦布公司（Charles Schwab）解雇了幾乎一〇%的員工，但設計了一個價值七千五百美元的重新雇用紅利，提供給那些在十八個月內重新雇用的員工作爲福利條件之一。埃森哲顧問公司（Accentrue）不全面進行解雇行動，而是爲一千名員工提供最長達十二個月的部分給薪休假。這些公司都嘗試著要以自己的狀況來調整解決方案，以便在降低成本的同時又能留住他們已經雇用、訓練及發展的大部分人力。

才產二·〇模式、以及最艱困的挑戰

在新的人才之戰中，最後的贏家將是能完整擁有個人化的工作方式九大向度觀念的公司，並且依照顧客、員工及股東的需求來調整方法，以達到上述三方最大的滿意程度。

個人化的工作方式九大向度

更好的福利、假期、家庭生活補助計畫等等，這些是才產一·〇世界裡的好東西，在二·〇的世界中對員工仍然有相當的意義。才產二·〇更進一步談到對於生產力基礎做出承諾，並且信守承諾：瞭解我，瞭解我的工作，瞭解我需要的是什麼，瞭解如何幫助我，還有如何獎賞我的表現。

個人化的工作方式九大向度（一）

向度	早期先鋒
1.**個人化訓練營** 隨著獨立個體及速成團隊數目的增長，新進人員的訓練必須具有相當的策略性。	Trilogy軟體公司（Trilogy Software）針對每一位新進員工，提供三個月的快速訓練： 第一個月：開始輔導並指派指導追蹤路線。 第二個月：指派專案。 第三個月：員工將重點放在他們個人在組織內的位置以及對組織的影響力。
2.**個人化福利** 薪資基數、紅利、股票等皆可自由選擇搭配，並有其他方案持續規劃中。	Trilogy軟體公司以及其他高科技公司開始建立運作模型，讓員工自己搭配福利計畫。許多公司在經濟蕭條時都放棄這個作法。（壓力已經解除了。嗯，對喔。）
3.**個人化教練** 個人教練變成非常普遍的指導方式	康寧公司（Corning）的一位科學家被指定扮演「激勵者」角色，另外一位則扮演著「橋樑」的角色，負責加強跨部門的工作進行。他們負責改善公司績效。
4.**個人化未來** 模擬科技將會成爲主流；低度科技的工具也會同步成長。	在未來的幾年，模擬科技將會更加普及，價格也會更低，這些技術將會被深度運用於精密的個人規劃工具中，以便進行團隊管理、工作流量、動線管理，或是生活及職涯選擇等等。
5.**個人化資訊、個人化生產力** 「量身訂作」與「客製化」的概念有無限成長的空間。	內部網路、入口網站以及所有的資訊科技都有可能爲每一個「我」來設計。到目前爲止，這是尚未被實現的潛能，現在幾乎沒有一項是以使用者爲中心的。但也有例外：例如藍斯達無線系統（Landstar）已經可以追蹤卡車裝載物的可用負載量，此舉可以節省來回運送的協調時間。

個人化的工作方式九大向度（二）

向度	早期先鋒
6.個人化學習 創造即時、實用、有用以及符合需求的解決方案。	線上學習的解決方案充斥市面，但沒有幾個是眞正回頭以工作者的需求來設計的。也有些例外：例如戴爾電腦（Dell）的組裝人員可以即時學習與他們工作任務有關的各項細節。微軟、IBM以及思科（Cisco）現正合作研發「客製化線上學習環境」（Customerized Learning Environment Online，CLEO）。
7.個人化空間 爲身負多重任務的員工提供特製的工作空間。	思科成立職場資源單位（Workplace Resources Unit），來整合員工需求與公司目標。合作的空間、個人空間以及資訊科技架構都經過重新設計。有34%的員工固定使用行動化工作空間。
8.個人化團隊 由現有的團隊成員選擇未來的團隊夥伴。	西南航空（Southwest Airlines）設立團隊成員（機師、維修人員等等）的標準，藉以選擇新的團隊成員。微軟更加入了嚴格的技能符合度測試，以強化個人化團隊的效果。
9.個人化工具 以我的方式支援我各種硬體所需。	英國 CSC 曾進行一項實驗：將公司硬體採購任務外包給該公司的員工進行。他們拿到一定的預算及相容性的標準，其他的就由他們自己決定，找到最符合自己需求的工具。

* 註1：第10種不可避免的向度也已經朝你而來了
「個人化健康計畫」：各種可以轉換的健康相關福利。此向度沒有置放在上列清單中，因為這項目牽涉到政府及有關當局在法規上的改變。但只要醫療成本以及獨立工作者的趨勢持續增加，那麼這一點遲早會達成。

*註2：當才產 2.0 模型開始出現時，有些提供者已經開始發展一些獨特的解決方案來滿足個人化工作方式的需求。其中的一個先鋒是安永人力資源顧問公司。該公司的「個人化薪資」與「個人化的工作方式」涵蓋了上述九大向度中的其中兩項。

醫生來了……

邁可・李查看起來可能不是個人化的工作方式爲企業帶來效益的最佳範例，但他非常瞭解觀察他人工作方式的威力，也深知工具如何改變關係、何時該限制自由以及選擇空間、哪裡又該擴張等等。

李查今年四十七歲，畢業於哈佛醫學院，目前是波士頓兒童醫院的內科醫師，對青少年用藥特別有研究。他同時也是學術團體計畫的成員，因此也負責訓練醫學院學生及當地的居民。

在他進行醫學研究之前，他有長達十二年的時間待在電影業，大部分都在導演紀錄片。個人生涯高點是有二年的時間在日本協助著名的導演黑澤明拍片。

李查結合個人截然不同的兩種背景，他提供病人一人一台攝影機，要他們使用攝影機記錄，包括他們如何吃藥、如何控制要命的疾病、他們經歷的壓力等等，以此教他要用什麼樣的方式可以比較有效地幫助他們。而李查醫師可以因此而更有效地指導病患，如何在面對挑戰時負起更大的責任。

李查使用的模型就是我們所介紹的「個人化資訊、個人化生產力」這一工具。但重點不在於攝影機這項工具，而是在於醫師與病患關係（我們可以解讀爲上司－員工關係）的轉變。病患藉此對自己的狀況有更大的掌控權，同時也會貢獻出更多做爲交換。這樣的結果讓所有相關的人都可以更快學習、更快改變。

他所使用的方法本質在於**當人們能掌控自己的命運時，才可能產生持續不斷的成功**。這就是個人化的工作方式的核心精神，而他的建議提供了一份地圖，可以讓你按圖索驥，瞭解你的員工眞正在尋找的價値以及領導的品質。如果你將「病人」這一字眼替換爲「員工」，同時能領悟出醫學界與企業界兩者間相通的挑戰，那麼以下便是你需要的指引。

個人化工具的威力　李查說：「我使用攝影機這項工具，主要並不是因爲我過去在電影業的背景，而是因爲我所能看到的病人資訊實在太少了。我的病人做哪些事情可以讓他們病情轉好，有很多是我看不到的。當我跟他們在一起時看到的，也只是冰山一角。攝影機正好可以做爲我醫學工作中診斷、管理，以及病人病情改變的這項人性化工作的橋樑。」

「一開始時，錄影帶可以讓我看到，我在幫助病人管理病情時所必須要知道的事情。

例如，我看到家有氣喘兒的母親仍在家裡抽煙，卻對我吼叫說她沒有等等，此時錄影帶都非常有幫助。但我從這些錄影帶中體會到更多我從未預期的珍貴啓示。例如，我應該如何開始進行診斷。當我透過病人的眼睛看到世界，我發現了許多我從未想到要問的問題。」

「我們醫生組織資訊的方式，以及我們受訓引導病人談論關於病情的方式，是完全失焦的！我們所有的問題都是以『我們』對病況的看法爲出發點。不管醫生本人有多友善、或是多麼關心病人，在醫師與病患關係中，資訊仍是全部掌控在我們手裡。這是不對的。畢竟，疾病是病人的問題。」

「使用病人的語言——以他們組織想法的方式來與他們溝通——最大的威力在於讓病人對『康復』這件事馬上具有更大的擁有權。」

「最後，改變這種資訊控制模式的最大理由在於『時間』。按看病時間的分配，我只能在每個病人身上花十五分鐘。這太可笑了！我關心青少年，可是他們在前十五分鐘可能都只是在跟我鬼扯。讓他們對於資訊有更多的掌握權，這樣一來，我便可以在較短的時間內爲他們做更多的事。」

信任、尊重以及統計績效

「當我將攝影機交給我的病人時，我告訴他：『我希望你能將你的經驗教給我。』每一位病人都說這個動作讓我們的關係進入另外一種新層次。我信任他們對他們世界運作狀況的觀點，這一點讓他們感受到前所未有的尊重。」

「攝影機改變了我們互相溝通的方式。病人說，這讓他們擁有自由，可以自在地告訴我他們所面對的是什麼樣的狀況。這種方式可以讓他們以前所未有的方式完整表達他們的問題。因此氣喘兒可以告訴我她母親抽煙而不會挨罵。或是有些孩子不想表達他們的壓力或恐懼，他們可以選擇以較不直接的方式來讓我知道。攝影機給他們自主權，自由地記錄他們的想法，並且讓我看到他們的生活是如何受到生病的影響。」

「另外，這樣的過程也是一種授權。每一位病人都感受到、也負擔起更多的個人責任。他們的自覺增加了。他們學得更快。現在，我會準備一張紙（記載病歷之用），衡量病人在整體病況上的改變，並且展示病情的改善程度。透過攝影機進行簡單的自我檢查，可以從統計數字上看出顯著的病況改善及生活品質的提升。」

順從與承諾　「在醫學專業中，『順從』指的是病人在他應該做的部分做得多好，例如按時服藥、服用正確劑量等。但在我耳裡，這是奴隸對主子才會有的關係！因此我改用『堅持』這個字眼。對我而言，這是指我跟病人一起參與這個計畫。如果病人不能堅持下去，問題不是出在病人，而是這個計畫，所以我們會調整計畫。這對於病人是否能投入我們所要做的事情是很重要的。」

擁有感以及責任感　「在我的經驗中，如果病人承諾做出某種改變，那會對病情有決定性的影響，例如戒煙對於氣喘的影響等，我這種做法有相當高的成功比率。因爲我堅持這問題是他們自己的。他們『擁有』這個問題。一旦他們感受到自己『擁有』它，一旦他們知道醫生沒有什麼神奇藥丸可以讓他們立即痊癒，他們便會開始自己思索這些艱難的問題、自己做決定。在這些個案中，他們自己要負責大部分的工作，而不是我。他們控制了大部分改變的發生，也控制了我們對病情溝通的方式。因此對我而言，我大部分的工作就是傾聽，以及從旁輔導。」

建立以人爲本的有效系統　「在二十一世紀中期，爲了要更有效地進行醫療照顧，我們的醫學是問題導向的。醫生專注在各種特定疾病的研究上，並成爲該領域的專家。追求效率當然很好，但這樣的做法會讓我們只把病人看成『裝著問題的容器』而已。」

「多年以來，我發現我們在進行醫療照顧中面臨一個很大的挑戰：我們並沒有看到我們面前這個病人的全部。我們在建立各種系統及架構的過程中，並沒有機會讓病人將他們自己的長處、經驗或智慧融入到這些系統或架構中。不管是小到攝影機這種器材，或是大到我們建立醫院的方式，通通都沒有融入病人的想法。」

「這個問題也在我的醫院中持續進行。我們最近進行了一項大型的管理變革以及再造計畫。我們請安永管理顧問公司（Ernst & Young）來協助我們評估醫院運作上的改善空間。他們問我希望醫院管理方式能有什麼樣的改善。我說：『我只有一個建議。我希望新的管理團隊成立後，每一位團隊成員在每一個診療室都待上一天，跟我們一起並肩工作，看看我們在做什麼。瞭解我們的產品、服務以及我們的病人，之後再去設計組織架構、系統以及流程。拜託，千萬不要拿『你認為應該怎麼做』的那一套想法直接去規劃，然後再將醫生、護士『套』到那個架構中。抽象的理想是不能反映現實的。』」

回到現實企業世界中……　如果你想瞭解李查醫生的想法是如何直接運用在企業上，以下是一段湯姆・凱利談話的節錄，應該可以給你一些啓發。湯姆是思科網路學習解決方案部門的副總裁，接下來的幾章中，他將會不斷出現，與我們分享他的看法。

湯姆・凱利談個人化工具　「我們最近開始引進幾項以網路為基礎的工具：『個人化訓練』、『個人化未來』以及『個人化職涯』。有了這些工具，員工及其經理可以追蹤他是否保持在工作要求的學習水準之上。在他們開始之前，每一位員工都會檢視一張清單，上面列出對他的工作重要的事項，同時核對有哪些項目是他想要學習更多的。我們為每一位員工設計了一個學習信箱，功能類似電子郵件信箱或語音信箱。當某一位員工有幾

建立個人化的工作方式模式【開始行動查核表】

這樣做	不要這樣做
1.**使用你的企業模型**。 瞭解你自己。在個人化的工作方式九個向度中，哪些對你組織的生產力及效果影響力最大？	直接複製別家公司使用的「最佳做法」--除非你先複製那家公司的文化。
2.**小處著手，行動要快，大大獲勝** 大部分的公司都會認爲「資訊科技」向度及「個人化資訊」是最容易且最快的--只要你已經做好準備要放棄部分控制權。	從資深管理階層所需改變最少的方案開始進行。
3.**對於發生的事情進行追蹤** 瞭解「個人化」之後的改變跟公司底線/上線績效結果的改變之間有何關連性。	讓個人化的工作方式成爲公司一時的流行，曇花一現。你的員工會比原來更快離開你的公司。

傻瓜！重點是「企業文化」！個人化的工作方式背後的目標是要讓你的員工對自己的命運有更大的掌握權，藉此提升生產力。如果你在乎及培育員工貢獻在工作上的才產，將會表現出對他們的深度尊重，公司也會因著這樣的作為而在長短期獲得更多利益。

分鐘的空檔時，他可以打開學習信箱，看看那些符合他學習需求及目標的『模組』。

「我們將重要的學習機會及內容區分爲一個個的小區塊。每一個模組平均花費十到十二分鐘，較短的則只有五分鐘。我們希望將這模組設計的小一點，讓員工可以利用零碎時間，輕易地完成個別單元、並持續前進。我們也創造出『個人化歷史』以便讓員工追蹤自己的學習進展。這項工具就像是一個電子郵件檔案夾一樣。員工可以將還沒讀過的單元儲存起來，並將已經讀過的刪除或歸檔。」

聯盟及溝通　「在思科，我們的第一要務是顧客滿意，但這一點會受到員工滿意度的影響。這代表著，我們必須確認每一個人都能以最符合個人需求的方式，掌握公司的資訊以及優先順序。讓員工掌握公司的訊息而沒有經過層層過濾，這一點非常重要。約翰．錢伯斯（思科執行長）與員工溝通都是使用錄影帶或錄音帶，全球所有員工都可以在三十六到四十八小時之內看到完整的內容。沒有人需要擔心約翰講的話會因爲重重翻譯詮釋而過濾或充斥著個人偏見。」

眼前的挑戰　「我們也跟其他人一樣，持續將焦點放在如何更有效地教導員工。下一個挑戰是要更瞭解員工學習的方式。現在，所有的人在做的事情就很像是一百年前拍電影的方式——將錄影機放在舞台前，然後開始攝影。到目前爲止，著名導演與演員歐森．威爾斯還沒有出現告訴我們如何使用我們的工具，以便與員工進行真誠的一對一溝通以及一對一的連結。因此，未來要做的事情在於更多的瞭解：瞭解員工如何學習、如何與不同的人產生深度互動、以及如何提供每一個人獨特的經驗。」

復習與回顧

新面孔又回來了

我們在前一章中提到，你需要眞正瞭解工作設計的**新人性專家**，以及衡量工作設計的**新數量專家**。這些角色對你推行個人化的工作方式是非常重要的。如果沒有他們，你可能只會創造出一堆職稱樓閣而已。

追蹤你的成功

行爲改變的五個問題

當員工決定採取行動時，他們會尋求這五個問題的答案（行爲溝通模型的運作方式及原理在《簡單就是力量》這本書中有詳細說明。此處中使用的問題係由該出處改編）。如果你的個人化的工作方式推行成功，你大部分的員工都能夠在沒有經理的情形下回答這五個問題。你所提供的新專案或計畫、工具、資訊以及流程都應該能協助他們自己回答以下這五個問題：

・這個專案或者改變跟我所做的事情有什麼關連？
・我的下一步是什麼？（明確的說，我下一步應該做什麼？）
・成功與失敗看起來是什麼樣子？
・我可以找到哪些工具或支援？
・這對我的意義在哪裡？對我們的意義在哪裡？

6

規則三

創造同儕價值

我向該公司建議：

「要不，就不要將這組人際網路的員工改爲約聘；

要不，就不要留下這位經理。

因爲他的價值並不是建立在他一個人身上的，

他的價值在於這整組人際網路。」

規範沒有產生歧異，就不可能有進步的產生。

——法蘭克・札帕（Frank Zappa，天才搖滾作曲家兼吉他手）

絕佳的工作環境對合作投入更多

首先，讓我們先向創造企業文化、團隊合作以及價值共享的造物主致上最高敬意。好，我們可以往前通行了嗎？

很好。因爲儘管這些現行運作的原則非常重要，但只能帶你到才產二・〇世界的一樓而已。

經理在如何增加員工合作的價值上，落後了相當大的一段距離。爲什麼？對於這些交流中有價值的部分，每天都有新的標準設立。例如：什麼內容是最重要的、什麼樣的人際連結網路、時機、秘訣以及工具是必須的、如何在事件的背景與細節之間取得適當的平衡、什麼樣的指導方式是最有幫助的等等。

那麼，是誰在設定這些標準呢？是員工，就在他們與其他人產生連結及互動的時候，而這其中並不包含你的參與。你的中心化、由上而下的規劃方法無法跟上新設備、新連結方法以及分享資訊的速度。如果你想要增加同儕交流的價值，你必須願意依照員工認爲最有價值的方式來設計預算及相關的策略。這意味著你必須在進行規劃之前，大量傾聽。

爲了要從合作中獲益更多，你必須要先投入更多：更瞭解員工想要與其他人分享的方式，同時也必須要注意他們需要什麼以便讓合作產生更大的效果。

才產二‧〇觀察站

爲什麼要在同儕合作中建立標準？讓我們面對這事實吧！許多公司——可能也包括你的——仍然需要掌握過去的標準。本章中所提的概念只會爲你帶來更多的挑戰……因此，爲什麼要自討苦吃？

理由很簡單。整體的人才「庫」已經縮水成爲一個小水「池」了，而其中頂尖人才的數量更是寥寥可數。

統計學家已經警告我們，在接下來的數十年間人口統計供應鏈可能出現警訊。這已經不是新聞了，這是現實。緊縮的經濟讓問題更形複雜，因爲你雇用不起被其他公司解雇的人才。這一切都代表著：更少的員工必須要做更多的事。

怎麼辦到這一點？透過「超合作」(hypercollaboration)：更多人必須要從每一次的合作交流中獲得更多。

當然，緊密的合作始於徵選到對的人、連結他們的目標、並在共享的價值下一同合作。但這並不代表你當衆宣布「這就是我們的目標，快往前去，你們將獲得充分的授權」後，你的責任就結束了。光是支持或倡導團隊努力是不夠的。

我們現處於一個「注意力經濟」（Attention Economy）的時代。湯姆・戴文波特（Tom Davenport）以及約翰・貝克（John Beck）在他們所撰寫的同名書籍中做了這樣的描述：「瞭解及管理注意力是現今企業成功最重要的決定因素。如果你想在現在的經濟時代中成功，你必須要善於『引起注意』。」①美好遠景裡所談的價值、使命、目標等等已經不足以吸引員工的注意力了。

作者接著闡述了你在同儕交流中所要面臨的主要挑戰：

「我們與各種注意力產業（如電視、電影、廣告等）有相當多往來的經驗，你一定會以爲我們可以嫻熟地運用這些經驗，在企業中有效地管理注意力。但這並不是那麼容

---

① 原註：見 Tom Davenport 和 John Beck 合著之《注意力經濟》（*The Attention Economy*）第3和第8章，Harvard Business School Press 在二〇〇一年出版。

易的事②。」

如果你希望更多人能從同儕合作中獲益更多，你必須要更尊重他們的時間、透過使用者導向或學習者導向的設計來引起他們的注意力，同時在他們認為有趣的事情上持續燃燒他們的熱情與想像力。

這意味著你要面對的是：

- 即時、符合需求的學習，而這將持續讓員工充電，吸收新知。
- 更好、更有用的合作內容。
- 摧毀遊戲與工作、或正式與非正式學習之間的界線。
- 創造出思考的空間與時間——必要時將速度放慢，讓所有同儕合作中的啓示可以完全滲入員工身上。

這些都是你的員工在與外界網路化世界合作的過程中所發現的需要，而這只是其中的一部份而已。他們認為，在這個凡事急就章、注意力朝無數個方向拉扯的混亂環境中，

---

② 原註：出處同前註釋，第一一〇到一一一頁。

這些是眞正有價值的事物。如果你要幫助員工躍入超合作的境界，你必須要盡更多的努力，來創造出這一類的價值。

如果你要用傳統由上而下的方法來達成以上任務，成功的機會將微乎其微——還好你不必這麼做。你只需要有善於傾聽的耳朵跟善於觀察的眼睛。如果你願意，你的員工將會教導你，他們需要的是什麼、他們認爲最有價值的又是什麼。

連連看

我問你答

大家都說遊戲可以點燃想像力，你是不是可以將我們介紹的幾位企業人士跟以下的生平描述配對在一起？

企業人士：

1．湯姆．凱利，思科公司網路學習解決方案的副總裁

2．佩格．瑪達克絲，思科公司學習工具及解決方案部門之資深經理

3．凱倫．史蒂芬森（Karen Stephenson），NetForm國際公司（NetForm International）總裁，專門協助公司研究並運用公司內的人際網路

配對事蹟：

a．個人目標：長途摩托車競賽，十一天、一萬一千哩的摩托車旅行。

b．嗜好：照料八〇株盆栽。「我由此學習到耐煩，學習如何注意最小的細節，同時也學習如何在每一個禮拜都做一點小改變，讓它們有些不一樣。」

c．曾任幼稚園老師，並有教育心理學博士的學位。「我對於『人們如何成長』的知識，全都來自於幼稚園。」

d．大學主修戲劇。曾立志成爲世界知名的導演。

e．哈佛人類學博士，曾祖父曾與「水牛比爾」（Buffalo Bill Cody）③一同狩獵。

f．在戰火摧殘的中美洲莫明奇妙被叛亂士兵的來福槍抵住。拜訪瑪雅廢墟的行程因此縮短，吉普車被偷。

答案詳見第一百六十六頁

③譯註：美國西部傑出的神鎗手、拓荒者、童子軍，當年風頭甚健，極富冒險精神。

指引你的兩大原則

關於所謂的同儕價值，讓我們先回到一個最明顯的論點：企業需要更好的同儕合作，是爲了要追求更好的企業績效。爲了達到這個目的，你必須謹記以下兩個原則：

想要快速看到成果，就從最接近顧客的員工開始做起

你可以在組織內的任何一個地方創造同儕價值，但是你必須改變方法來幫助那些最接近顧客的員工，這樣你將會在短期內獲得最大的回饋。你必須超越「顧客是老大」的想法，前往戰場前線，實地瞭解你的員工在專注於服務顧客的過程中，遭遇到哪些眞實的挑戰。接著，創造出有用的內容以及令人上癮的學習模式。更簡單的方法是，你可以丟出一些很棒的討論話題，那麼自然就會有很棒的對話產生！

爲了達到更有競爭性的進展，花些功夫研究「隱性職場」（invisible workplace）

你公司內部的人際網路是推動所有工作運作的幕後黑手。如果你有心追求眞正的競爭優勢，那麼你必須使用一些精密的方法來瞭解公司內的隱性職場。深入研究將同儕繫在一起的社會力量到底是什麼，並且瞭解這種連結將對每一個專案的成敗有什麼樣的影響。如果這聽起來太過模糊，那麼就將它視爲一種「實體審慎評估」。公司內有相當多的營運資本在同儕互動時增加。如果你想在降低成本的同時，建立起絕佳的工作環境，那麼你一定要知道員工的人際社會網路到底是怎麼運作的。

從最接近顧客的員工開始做起

湯姆．凱利非常感謝他的母親教導他如何看待人生，以及面對嚴苛任務時的態度。他說：「她總是鼓勵我以積極而尊敬的方式向我的主管提出挑戰與質疑。因此當有人告訴我『那是不可能的』時，我的反應通常都是：『如果我去做，就不見得不可能。』我尋找一個鼓勵自主性以及創意的環境，這也就是我爲何如此喜愛我在思科這工作的原因了。」

凱利在思科的主要職責是對業務團隊以及客戶經理提供產品及技術訓練，使用的工具是電子學習的解決方案。他也非常熱中於尋找讓員工的營運資本有更高報酬的方法。

凱利說：「有兩種東西是人們投注到工作之後就拿不回來的，一個是『時間』，另外一個是『感情』。如果人們將這些投注在工作上，他們值得拿回我們所能提供的最好報酬。他們值得對自己前途擁有更多的掌控權。」對人性觀察敏銳的凱利也發現，人們渴望能談論他們在工作上的投資，他們如何在滿足顧客需求的同時，又對自己的命運有更多的掌握；他們如何花費時間在工作上、什麼事情可以使他們興奮、什麼會使他們挨罵。凱利說：「因此我們就從這裡開始：我們傾聽我們的業務人員說的話。」

由基礎開始　凱利爲員工創造了第一個電子學習（eLearning）解決方案，受到相當大的好評。凱利將此歸功於他的工作夥伴佩格・瑪達克絲（Peg Maddocks）。「我們由顧客導向但平凡務實的任務開始。」佩格說：「例如，如何完成一個採購訂單。我們記錄專家的鍵盤敲擊及說話聲音，並製造超過三百個應用示範的影片，再透過網際網路將影片傳遞出去。我必須承認這並不是什麼刺激有趣的事。但這可是破天荒第一遭，員工開始信任我們可以提供一些他們即刻需要、而且更簡單的解決方案。」

由此開始，瑪達克絲將焦點集中在思科的業務團隊，由各種報告及簡報資料中篩選出超過八千個資訊區塊（information nuggets），重新整合組織。她說在進行這一步驟之前，「我們好像要員工到八千多個不同的地方去學習如何完成他們的工作。」而整合之後，不但讓員工更容易搜尋到更多有用的資訊，思科也進一步將整個學習流程與個人的績效評估連結在一起。

爲了要建立這些自我評估，瑪達克絲針對整個銷售流程做了非常完整的分析。舉例來說，她研究一位客戶經理爲了要完成銷售所必須要採取的各個步驟，並一一記載每個步驟所需的活動。藉由這些前置工作的進行，思科建立了以使用者爲中心的系統：所有資訊均爲員工量身打造，因此在第一線的業務人員都能在他們需要的時間，以需要的方式得到他們需要的資訊。

接著，瑪達克絲與凱利更進一步著力在顧客與業務團隊的對話上。他們創造了一個「客戶經理學習環境」(Account Manager Learning Environment, AMLE)。

瑪達克絲繼續說道：「我們發現我們的客戶經理總是抱怨：『我有時要跟資訊長談、有時跟執行長談、有時又要跟財務長談，但他們在乎的事情通常都不一樣。我要怎麼跟各種不同背景的客戶談呢？』既然他們希望在拜訪客戶之前，先拿到必要的資訊，那麼每一個AMLE內的模組都以一連串的對話方式組織起來的，如此客戶經理就可以視他們拜訪的對象是資訊長、執行長或其他人，而以不同的方式來回答有關技術的問題。」

「但是，如果客戶經理不需要這個對話架構，他可以直接跳到『小抄』工作表中，這裡有連結了所有資訊區塊的資料庫。」

相同與相異

同儕價值的定義

人與電腦的不同點在哪裡？相同點又在哪裡？

根據 www.openp2p.com 的網站資料，點對點運算（P2P Computing）最獨特的地方在於中央伺服器授予相當高的自主權運作給個別的節點，而各運算資源的擁有權則是分散在各處的。**與電腦相同的是**，不管你喜不喜歡，你的員工也是以同樣的方法看待合作這件事。他們的交換也是由中央伺服器（即公司）自動化進行，而擁有營運資本的是他們，不是你。**與電腦不同的是**，員工彼此間同儕價值的分享活動可能會用到電腦，但不見得必然如此。

學習風潮如病毒般蔓延　「我們一開始的解決方案都是圍繞在『信任』這件事上。一旦客戶經理信任我們可以協助他們與客戶的對話之後，他們彼此討論的方式就會有所改變。」瑪達克絲說：「他們開始分享更多。他們開始更常使用AMLE來協助他們與客戶進行的對話。」她舉了一個先導計畫爲例。在AMLE正式開始之前，他們邀請三〇位客戶經理試用這套系統。在短短幾個禮拜之內，就有三百個不同的客戶經理主動要求使用這套系統。

凱利提供了另外一個例子：「我們最近推出了一個互動式遊戲的學習模組，有點類似益智問答節目Jeopardy。這個模組的目的是要讓客戶經理學習到某些思科技術面的基礎知識。我們請三百位客戶經理試用，這是我們目標使用者的一〇%，我們只是請他們試用，並沒有廣爲宣傳，而試用也沒有什麼報酬。」凱利表示，這是訴諸業務人員愛好競爭的天性：「看看你有沒有本事比高中小鬼得分還高。」

凱利接著說：「在短短六〇天內，共有三千人玩過這遊戲，大家都在討論這個遊戲，每一個玩過這遊戲的人都會與其他人分享。每個人都認爲這模組太有價值了，非常實用，因此大家都想『好東西與好朋友分享』。這套模組就這樣如病毒般蔓延開來，同時由區域相傳而傳到全球各地的分公司去了。突然之間，所有人都被激起興趣，興致勃勃地討論他們工作上所需要的各種基礎。」

幕後鏡頭　思科的AMLE系統代表了一些躍入超合作中所必須要有的同儕基礎。

一開始：思科由最接近顧客的員工開始做起。公司創造了眞正有用（有用的定義由員工認定）的解決方案，因此而逐漸贏得信任。凱利與瑪達克絲問：「客戶經理要怎麼樣才能更容易地與客戶互動、並且解決他們的問題？」

接下來：AMLE將焦點放在即時且符合員工需求的解決方案。你提供給第一線員工的內容、學習或指導都必須可以立即派上用場，他們無法等待學習曲線的效果，他們需要的是即刻有效的解決方案。

戴爾電腦學習部門副總裁約翰・科恩（John Cone）將此稱爲「偷竊式學習（Stealth learning）」。他說：「我們談的是『咬一小口』、一小塊只需要五分鐘的知識……在戴爾，教育是依照需要而設計的，而這是唯一可以確保教育系統與企業需求一致的方法④。」即時的解決方案不只在追求更快的速度而已，還要提供員工準確符合他們需要的資訊，這樣，他們就有更多的時間互相合作。這就是才產二・〇世界中的同儕價值。

最後：當凱利提到最近的學習模組如病毒般蔓延開來，他說的是同儕價值的終極表

---

④原註：出自德州大學 Dr. Keri Pearlson 和 Dr. Raymond Yeh 在一九九九年發表的個案研究「戴爾電腦公司：零時間組織」。

現：「發掘更多」成了時代潮流。當個人經驗或「啊哈」的驚喜感累積到一定的程度時，人們需要不斷地與他人分享這些發現，因此使得同儕之間不斷地學習、學習……還是學習！遊戲及模擬的形式最能讓員工彼此討論工作上的內容，因爲這種經驗的分享令人興奮，同時也可以互相炫耀自己的成績。(這包括友善的競爭。凱利在談及最近的遊戲時甚至說道：「如果有人因爲輸了幾分而輸錢，我也不意外。」)

我相信你已經發現，我並沒有花太多時間討論什麼特別驚人的團隊合作或是社群的建立。這些當然很重要，甚至是關鍵所在。但在創造高度的同儕價值中，還有一個隱藏在背後的規則：提供人們更多即時、刺激、實用而且會上癮的東西，造成談論的話題。接下來就讓人性來發揮作用了！

人們都喜歡跟別人交談。他們也非常善於自我組織，並且選擇便於談論的話題。(不管如何，他們無需你的協助便能做到這一點——這也就是所謂的八卦網路。)在他們的合作關係中注入更多驚奇的事物，你將會獲得更美好的成果。如果你注入的是一些沒有營養的公司邏輯或策略什麼的，結果會如何？我想你一定很清楚！

沒時間浪費了！在你閱讀這一段文字的同時，有人正在要求更即時、更精彩、更令人上癮的內容以及學習模式。湯姆・凱利明確表示，思科希望成爲這方面的標準制訂者。

創造同儕價值【開始行動查核表】

這樣做	不要這樣做
1.**投注你的注意力** 如果你同意，你的員工會告訴你，他們希望由你這裡得到什麼，以及他們在同儕交流中發現最有價值的事物又是什麼。	低估隱形職場的威力。
2.**投入更多，藉此獲得更多** 提供員工更多即時、刺激、有用而且會上癮的東西來談論，他們會因此改變他們合作的方式。	將「授權給員工在沒有你的狀況下合作」與「創造同儕價值必須做的苦差事」混爲一談。
3.**處理有關「控制」的假象** 繪出隱形職場可以確定一件事：組織圖並不代表組織內實際的權力分佈。	……如果你不是玩眞的，那就不用麻煩了。

「我們已經開始與幾家專精於模擬遊戲方面的公司展開對話，討論合作的可能性。我們尋找的公司包括了藝電以及 Blizzard 娛樂公司（Blizzard Entertainment）等。想像將模擬情境換成辦公室，將模擬家庭的畫面換成四、五個人的小組在爲某一場業務拜訪而努力、或是一同完成某個專案的情境。沒有人能獨自掌控一切，所有的成員都必須要以一種新的方式合作，才有可能談成生意。」

凱利接著說：「我個人相信，沒有不可能的任務。我可以想見將我們的學習模組以模擬遊戲的方式提供給客戶經理，讓他們每天玩十分鐘，連續玩上三〇天。由此資料，我們可以從這時間表模擬出該工作一整年的狀況，好讓他們知道業務拜訪量是否足夠、是否達成業績目標、顧客滿意度如何、是否有足夠的家庭生活等等。這樣的工具可以協助人們在第一個月之後，便可以看到未來一年的工作是什麼樣子。到目前爲止，並沒有人做這樣的事情，但如果有人做了，我想一定是我們思科。」凱利說。

在接下來的幾年之間，絕佳的工作環境將會創造出令人上癮的學習模式，讓人流連忘返！同時也藉由創造一些人們希望談論的話題而建立起更精彩的合作關係。有些公司會非常仰賴科技來達成這個目標，思科便是一例。其他公司如 Trilogy 軟體公司則是增加面對面的腦力激盪。在下一章裡，你將會瞭解更多有關該公司在「Trilogy 大學」裡，爲新進員工設計一整學期的顧客需求導向互動課程的故事。

這些引領潮流的公司創造出高度的同儕價值，同時也將現今才產一·〇世界的合作方法逐漸驅離市場。

創造同儕價值

「新面孔」在同儕價值裡的任務

你如果想要創造同儕價值，眞正瞭解工作設計的**新人性專家**（new People Person）絕對是關鍵角色。組織內必須要有人負責讓員工與公司的內部基礎建設產生交集：瞭解員工如何設定新的合作標準。

另外，要維持社交活動的謹愼評估規劃，這項重責大任便落在衡量工作設計的**新數量專家**（new Quant Person）身上。

工作職場中的隱形人際社交圈

這裡有個非常迷人的盲點：當公司想要瞭解市場趨勢、或是對一產品進行定位時，他們總是會以N種角度來研究顧客的想法或觀點，總是擠盡腦汁，從顧客的一舉一動中試圖找出線索，推測他們可能購買什麼東西。但是關於推動公司內每一件事的人際社交網路呢？大部分人都認爲這是浪費精力的事。很少有主管能看出這種投資的價值所在。

當我們檢驗科技如何增加面對面的互動及人際社交網路背後的威力時，上述盲點將變成一個重要的管理問題。《華爾街日報》（*Wall Street Journal*）指出，九一一事件展現了全球團結一致，分享彼此共同經驗的需要，在過去五年，「電子郵件無處不在，但人們對於面對面握手的渴望卻未曾稍減。」⑤科技只是在我們的人際互動需求上加了加速器而已。而這也將急速改變你的組織內隱形人際社交網路的重要性。

凱倫·史蒂芬森是NetForm國際公司總裁，就是那個會在公司主管瞭解上述事實後，接到委託電話的其中一人。該公司協助組織畫出隱形職場圖，依照員工的人際連結狀況找出組織內的中心人物（go-to people）。史蒂芬森將自己的角色比擬為組織的放射科技師，她說：「公司如何完成目標，關鍵在於員工彼此之間的關係。」

史蒂芬森非常熱中於瞭解人際社會網路的價值。她最早的客戶之一是喬治亞州亞特蘭大的疾病控制及預防中心。在一九八〇年晚期，她協助該組織追蹤一位法裔加拿大籍的空服人員蓋頓·杜葛斯（Gaetan Dugas）的人際社交網路。杜葛斯便是後來大家所知的「零號病人」（Patient Zero），他對北美洲愛滋病病毒的傳染蔓延扮演了相當「重要」的

⑤ 原註：見二〇〇一年九月二〇號第一頁。

角色。

從那時候開始，NetForm 公司便開始致力於協助公司瞭解組織階層內的非正式網路，以便改善企業績效。該公司在此領域獲得領導性的地位。此外，史蒂芬森也曾擔任美林證券（Merrill Lynch）的顧問，協助該公司研究其組織架構及全球效度。她也曾協助美國海軍人員瞭解平行合作與上下指揮鏈並沒有衝突。另外，她還參與了洛杉磯警局的專案計畫，延伸社區連結範圍，協助偵察羅德尼・金事件。⑥

你的隱形職場是怎麼架構起來的 流通的可能是體液、正義或是情報的交換，但史蒂芬森堅信，所有型態的社會行為都是非常相似的。她說：「我們進行了超過三百場針對公司的深度研究，我們發現一套非常有威力的規則，讓我們可以對建議的改變提出預期可得的結果。若你堅信改變是發生在既有的階層範圍之內，你只能逐步往前進；但若你瞭解組織內的人際社會網路，那你就可以進行快速而徹底的改革。」

史蒂芬森提出，人際社會網路中包含了以下幾個角色：

---

⑥譯註：一九九二年洛杉磯白人警察被控在公路上毆打黑人青年羅德尼・金，後宣判白人警察無罪。

・**樞紐**（Hub）認識最多人　他們是組織員工最信任的中心人物。

・**守門員**（Gatekeeper）認識適當的人　他們是人力車站。如果資訊必須從這個人手上傳遞到另外一個人手上，這個人就是守門員。如果這一類的人喜歡你，他可以是你價值匪淺的中間人；如果這種人不喜歡你，你的麻煩就大了！這裡有個重點：組織的既有階層高度依賴這個角色，但在網路化的人際網路或是同儕的直接合作上，常會忽略這個角色。當公司想要增加合作時，便會感受到上述自相矛盾的現象以及其中的緊張關係。

・**脈搏器**（Pulsetaker）結識最多「認識適當的人」的人　（舉例來說：「我有一個朋友，他的朋友說這是眞的……」）：這種人自己的直接社會連結可能最少，但他們的「觀察—等待」的觀點會影響到組織內改變的速度。

史蒂芬森使用 NetForm 公司自行研發的軟體來描繪出這幾群人彼此之間的連結性，並加速流程的進行。她說：「要收集到做出正確結論足夠的資料，所需要進行的全面性訪談是非常耗費人力、也非常昂貴的。現在我們可以跳過這一步，直接搜尋上述不同族群的連結度。以前要設計一個三〇天的解決方案可能需要花上三〇年的研究。但我們現在可以在一個月之內讓公司的主管看到該公司的虛擬『X光片』。」（該軟體爲 Steelcase公司所有，詳見第四章。）

這最後的結果看起來像是一個蜘蛛網：在所有活動的中心是數個樞紐，而守門員及脈搏器則在距離各活動較遠的地方。這圖可能與你公司內的組織圖有很大的不同。舉例來說，一位資深副總裁可能是某一部門的法定守門員，但在公司內的實際人際社會網路中，在資深副總裁下三層的某一位員工才是組織內眞正的中心人物。

使用隱形職場改善企業績效　描繪出公司內的人際社會網路是才產二・〇世界的經理人重要的工作，可以協助建立員工對你的接受與投入。如果你瞭解公司內的人際社會網路，並且善加運用，那麼你便可以加速建立你與員工的眞心連結。

舉例來說，如果你的目標是要更快速的創新及改變，例如你想要更快執行下一個大計劃、或將產品研發速度縮短到原訂時間的四分之一，那麼你必須要先找出人際網路中大家信任的中心人物，跟他們建立關係，同時將你的想法與目標傳遞給這些人。接著，他們對人際網路的影響力便自然會幫你將這股改變的力量傳遞出去。

許多資深主管將所有事情廣爲散佈，讓所有的人都知道所有的事，希望藉此降低守門員造成的影響。這樣做可以讓公司訊息更深刻地傳遞到組織的人際網路之中。但這種廣播方式違反了新工作合約中個人化的工作方式的規則。組織內的中心人物希望有更爲個人化的資訊，而其他人則希望這類資訊噪音越少越好。

如果你要重建你的公司，或是與其他公司進行合併，描繪出人際社會網路是非常重要的。史蒂芬森表示：「我們最近協助一家進行合併的大型跨國公司。管理團隊告訴我們，他們打算請哪些人走路、哪些人改為約聘、要留下哪些人等等。在分析過該公司的人際網路之後，我發現他們的決策中有些方向是錯誤的。舉例來說，他們打算留下一名經理，但將與他有關的人際網路成員全部改為約聘。然而這名經理對組織的眞正價值就在於這組人際網路，如果他們執行這決策，該經理的存在對組織就沒有價值了。」

「因此我向該公司建議：『要不，就不要將這組人際網路的員工改為約聘；要不，就不要留下這位經理。』因為他的價值並不是建立在他一個人身上的，他的價值在於這整組人際網路。」史蒂芬森做了這樣的結論。

新工作合約與瞭解人際社會網路的關連性在此顯現無疑。現在，大部分的公司都先設立策略及組織架構，然後再把員工一個蘿蔔一個坑地塞到職位上去，完成這種由上而下的組織設計。但如果生產力眞的是屬於個人的、如果你的員工希望你不要浪費他們的時間、如果他們要你創造出個人化的工具，你就必須要將組織內隱藏在人際社會網路中的這股力量納入計畫及預算的考量。你必須要依照組織內的社會聯繫性來做出有水準的決策，誰該改爲約聘、誰該留下、誰又該晉升、並依此建立正確的制度與工具，諸如此類。你的決策基礎應該建立在人際關係連動性，而非僅是公司的命令而已。

關於這一點，「注意力」先生—湯姆．戴文波特也有同樣的看法。他在埃森哲策略性改變研究所最近出版的一份研究報告中指出：「將所有的知識工作者一視同仁是阻礙組織績效提升的主因……要能將他們的績效發揮到極致，首先你必須要瞭解他們的差異性。」⑦

選擇在你　現在，不要被「樞紐」、「守門員」、「脈搏器」這類人際社會網路專門術語給嚇著了。拜託，也不要直接跳到戰術階層的問題。(例如：我們要引進什麼軟體？我們要請外面的顧問或可以自己來？這要花多少錢？)

讓我們殘忍地直視你所面對的選擇。此處，真正要緊的事其實跟戰術、預算、或學習審慎評估計畫一點關係都沒有。重點在於「控制」的威力以及錯覺。對許多管理者來說，要承認組織的威力藏在組織圖內的某一個小點上是件很駭人的事。許多管理者寧願不知道這個事實。

---

⑦ 原註：見埃森哲研究報告「工作的藝術」(Art of Work)，二〇〇一年八月二八號。

這是人性的自然反應！但也是公司競爭的罩門所在。

對人際社會網路缺乏應有的審慎評估，將會阻礙你追求更快速的績效改善行動。在對完成工作的影響力上，**員工彼此如何連結、爲何連結**的影響要大過於你對組織職位的劃分與指派。切記，你組織內的人際社會網路是推動所有工作運作的幕後推力。

如果你眞的想要改善生產力及成長率，那麼就對同儕價值的建立認眞一點吧。如果你想要瞭解並追蹤公司內的隱性人際網路，這是你唯一的方法。

機警一點

我們在下一章將會深入探討極限領導：什麼要素可以讓一個領導者成爲極限領導者，以及極限領導之所以重要的原因。當你探索該主題時，回頭思索這一章的內容，想想一個願意花心思審愼評估人際網路的領導者與不願意投注心力於此的領導者，兩者有什麼樣的不同，其中的差異便爲極限領導下了定義。

極限領導者必須要瞭解組織內的權力到底在哪些地方，如此才能有勇氣追求企業利潤。

發現同儕價值：誰？什麼？哪裡？何時？為什麼？

當你尊重員工人生的珍貴資產（規則一：擁抱才產革命），並且讓你的員工對自己的命運有更多的掌握（規則二：建立個人化工作模式），那麼，你的員工將會更加密切的合作，這樣的結果並不令人意外。

以下的問卷可以幫你找出創造同儕價值的機會所在。這份問卷部分取自規則一與規則二的工具，重組後成為同儕價值評估之用。

如何使用這份問卷？選擇一小群員工（大約十到二十五人）進行這份問卷調查，這些員工最好來自公司的不同部門。請他們填完下列十個問題。接著，使用下面的領導者指南來分析他們的答案。這份問卷並沒有包含所有同儕交流中的所有項目，但絕對足以讓你開始行動，踏上正確的路。

同儕價值調查

每一個問題都需要受訪者塡寫三個答案。如果你可以輕易列出三個不同的答案，就請列出。如果只想得出一兩項也無妨。這份問卷沒有標準答案，請依照你實際上完成工作的方式來塡寫這份問卷。

一、更清楚明白：請列出最常協助你更聰明、更快速完成工作的是哪三個人？

二、領航：當你迷失方向，或是尋找新資訊之時，哪三個資源（人或工具）最不會讓你受挫，同時可以最快提供你答案？

三、基本原則的滿足以及速度：爲了完成你的工作，你需要正確的資訊，而且是以正確的方式及數量滿足你。哪三個資源（人或工具）可以最快滿足上述標準，提供給你必要的協助？

四、合用性：哪些工具、訓練或是公司供應的資訊（不包括人）是你認爲使用上最方便的？

五、時間：哪三個資源（人或工具）是最能尊重你的時間以及注意力的？哪些可以讓你聰明而有效地使用？

六、相關性：當你需要有人幫你釐清與某個專案或改革的相關性時，你最常找的是哪三個人？

七、下一步：當你需要有人幫你釐清某一專案明確的下一步動作時，你最常找的是哪三個人？

八、成功：當你需要有人幫你釐清如何評估你的工作、或成功的定義時，你最常找的是哪三個人？

九、工具及支援：當你需要有人幫你釐清公司有哪些工具或支援（訓練、技術、資訊、資金、人等等）可以協助你完成工作時，你最常找的是哪三個人？

一〇、這對我有什麼意義：當你需要有人幫你釐清公司某一專案或改革對你的意義時，你最常找的是哪三個人？

同儕價值調查：領導者指南

問題一到五的焦點在於組織效度以及快速創新的方法。如果你員工的答案與你計畫中想的相去不遠（也就是說，當他們應該去內部網路找資料時，他們去了：，當他們應該去找經理時，他們找了等等），這就表示你的計畫與員工希望合作的方式是一致的。但是，如果他們的答案與你的期望差距很大，那麼你必須徹底改變你的方法，而不是將原來的方法稍做調整就好。同儕連結的威力將會勝過公司計畫及管理邏輯。

問題六到十的焦點是在日常執行的各項議題之上。同樣的，你必須要瞭解員工的答案與你的期望值中間的差距。在大部分的公司裡，這幾題的答案應該都是**我的主管**。答案也可能不一樣，由此你可以瞭解，誰爲你的員工創造了眞正的價值。

所有問題：除了主管以外，所有被員工列在答案中的人都是人際網路的**樞紐**。他們是你組織內的中心人物。找出在答案中出現不止一次的名字，這些人爲其他員工創造了最多的價值。

我問你答測驗　答案：a1, b1, c2, d2, e3, f3

7

規則四

發展極限領導者

極限領導者會不斷問自己：

「我是否做的夠多，來讓我周遭的員工感受到我對他們的尊重以及信任？我改變的是不是夠多？」

這些問題直指本書的核心。

亞瑟王：我是你的國王！

婦人：我可沒投票給你！

亞瑟：國王不用你投票！

婦人：那你是怎麼當上國王的？

亞瑟：湖裡的那位女士……將石中之劍高高舉起……

丹尼斯：聽著，湖裡那位發送寶劍的奇怪女士可不是政府系統運作的基礎！至高無上的執行權力來自於大多數民衆的委託及授權，而不是來自什麼滑稽的水邊儀式！

——英國電影《聖杯的追尋》（*The Quest for the Holy Grail*）中飾演年長檔案管理員的演員。

極限領導者會對人生的珍貴資產負全責

一開始時，領導者會將員工的心、想法以及雙手擺在第一順位、進行策略規劃、培養以及激勵。這是好的。員工會對此感到高興，他們會跟著他們的領導者一起笑、一起工作、一同流汗。

接著，有一天，員工注意到他們的領導者不再挽起袖子跟他們一起努力了，領導者已經忘記他們的工作是什麼樣子了，同時也將自己抽離，不再與員工面對每天工作上的挑戰。因此員工不再相信公司描繪的願景，開始尋找極限領導者。他們希望跟隨一個眞正瞭解工作完成所有要素的領導者。

這不是童話故事，這是眞實世界。這樣的訊息對你具有重要的意義：你是否能吸引並留住有才能、同時能協助你以更少人力完成更多工作的那些員工。

未來的領導模式需要對人生珍貴資產負起極限責任。這概念一部份是因爲你的員工要求他們的才產——時間、注意力、創意、知識、熱情、精力以及人際網路有更多的報酬。（他們是由你這裡學到要對投資報酬率斤斤計較的！）

將極限領導帶上高峰的是，你接受員工質疑、挑戰以及面對工作層次細節的意願，以及你是否願意陪著員工向上要求，催生出更好的工作模式。這些員工希望你能以第一線的觀點來瞭解所謂的風險以及工作性質，他們同時也希望能獲得更好的決策工具，以及更多的彈性來完成最終的績效。他們不能忍受「彎腳經理」（這是ＩＢＭ的暑期實習生創造的仁慈名詞），而這些要求還只是開胃菜而已！

簡單的說，極限領導意味著接受新工作合約裡的各項條件，這代表著對一件事的體認：公司成功的路徑必須將員工獲取個人成功的路徑改變包含在內。

才產二・〇觀察站

「ＩＢＭ的Linux眞是令人激賞！」ＩＢＭ的Linux專家厄文・拉達斯基—伯格（Irving Wladawsky-Berger）曾經接到這樣一封電子郵件。厄文同時也是ＩＢＭ的伺服器集團科技策略副總裁。這封電子郵件是羅伯・史邦諾斯（Robert Spanos）寫的，他在郵件中還提到：「對了，順帶一提，我用Linux寫了一份改裝我們高中資訊基礎架構的提案，你有沒有興趣瞧一瞧？」那時史邦諾斯只有十五歲。

上述對話讓史邦諾斯有機會參加ＩＢＭ的「Extreme Blue」天才孵育計畫，與企研所學生及科技背景的研究生一起進行專案計畫。(此實習計畫的細節詳見第二章。)

實習計畫專案負責人珍・哈波笑著表示:「我們得等到他十六歲才能夠雇用他。」與一群絕頂聰明、但實際年齡都只有十幾歲的青少年臨時員工共事,這種矛盾的組合讓珍覺得非常有趣。美國有線電視新聞網(CNN)想要對史邦諾斯進行有關「Extreme Blue」天才孵育計畫的專訪,需要他飛到三千哩外接受訪談,他的反應是:「聽起來很棒,哈波女士,但我要先回家問我媽媽才行。」

比史邦諾斯稍微年長的這些小組成員也同樣非常優秀,但他們更難搞定。這些人中龍鳳清楚表示,他們只對能達到偉大成就的工作有興趣,而他們所使用的工具及合作夥伴也必須跟他們同樣優秀才行。

哈波說:「暑期計畫中的一個小組最近跟我們部門的集團執行主管比爾・柴特勒(Bill Zeitler)會面。第二天,比爾告訴我,他已經跟這些成員魚雁往返了三封冗長的電子郵件。他們想知道他們在IBM的職涯路徑將是如何?在暑期計畫之後,公司可以提供他們什麼?許多類似這樣的尖銳問題。他覺得很刺激,他說他們的興奮感是有傳染力的。」

「這傢伙可是這家員工超過三〇萬名、價值超過九千億美元公司的資深主管!而這些孩子才不管這些呢。他們會跟任何人說他們的心裡話。公司階層對他們來說並不重要,他們毫不遲疑地讓我們認清，他們的投入對公司的各項策略性議題會很有價值。他們也會毫不遲疑地告訴我們，他們想的是對還是錯。」哈波做了結論：「我們最好趕快習慣這一點。」

企業績效與績效展現的極限壓力

即使新工作合約逐漸出現，許多公司仍然要應付大量的解雇、人事凍結、以及工作難找的壞時機。這些流程的控制權當然不在他們手中。田納西州那什維爾的一位汽車經紀商海克要求應試者先付五四九塊美元作爲面試及篩選的費用。（這筆費用被定位成「激勵及訓練項目」，因此如果這些應試者被錄取，這筆錢將會退回。）

沒有人說這些年輕小伙子懂那些資深經理人懂的事，或說極限領導就是要讓員工——不管他幾歲——作主。

極限領導並沒有將這個王國的鑰匙交給任何人。極限領導關乎深刻傾聽、學習、以及對優秀員工在工作細節上的意見做出回應。

不管是二十二歲的年輕員工向你要求要有最新的分享軟體科技、或是五十二歲的員工洞察了公司策略中驚人的漏洞（即使資深管理團隊由高高的山頂上下來宣傳過的策略也一樣會有錯），這些人對於知識工作及決策的瞭解有著跟你一樣的水準。你的員工處於「極限」的績效表現壓力之下，而他們大部分都知道，想要有你所想要的績效成果，他們必須要付出什麼樣的代價。

一個好的領導者會將焦點放在結果上。極限領導者則會願意以自己在公司的政治前途來交換更好的績效表現。他們願意讓員工質疑、挑戰、甚至改變自己對「讓工作完成的代價」的觀點。在績效相關的議題上，他們信任員工由下而上的意見回饋。

終極指導原則與自我測試

就算不用擔心這一類的回饋，你的角色也從來沒有這麼複雜且沈重，而且你的任務只會越來越艱困。改變的步伐持續加速，對預期績效的壓力也逐漸增加，這些都持續迫使你將更多的權限以及決策權下放到組織之中。

你如何知道，你是眞的開始發展成爲極限領導者，還是只是與混亂的變革並進呢？

以下有兩個方法可以測試：

指導原則：

極限領導者會不斷問自己：「我是否做的夠多，來讓我周遭的員工感受到我對他們的尊重以及信任？我改變的是不是夠多？」

這些問題直指本書的核心。你必須要改變的夠快，讓你建立的各項基礎建設、階層或工具——總之是有助於員工完成工作的所有事物——都能夠展現出你對他們時間、注意力以及精力的尊重。這是極限領導者所必須要肩負的五項新責任中，最首要的一項。

（詳見第一八九頁）

「Big Kahuna」①測試：

極限領導者會不斷問自己：「我們要做到什麼程度，才能確認員工能夠充分掌握自

①譯註：電影「征服錢海」原名，片中三個業務員在絞盡腦汁搶生意，等待大客户來臨之際，各自對生命的片段有了不同的反省，對於信仰、事業、人生、家庭……孰重孰輕有精彩的辯論。

己的命運？」

上述新責任中的其餘四項都跟這一個問題有關。這是一個非常難回答的問題。在公司經營上，成本與利益總是成反向關係的，與員工也是一樣。但如果你承諾投入「極限領導」，你也等於承諾要永遠與這個問題進行角力。

我們在此舉出一個類似的測試案例：即時企業運算（RealTime Enterprise Computing, RTEC）是一項相當新的科技。這項科技可以將公司內的資訊與整個供應鏈上下游夥伴的資訊連結在一起，其中包括了財務、業務、行銷、人力資源、存貨等，所有資訊都可以即時進行比較。

許多公司會毫不猶疑地使用這技術，因爲該技術號稱可以完全消除決策中的盲點，以及解決時間的延遲。（想想思科在二〇〇〇年的例子。儘管擁有相當精密的資訊架構，他們仍然輸掉「全球最有價值公司」的寶座，其中一部份的原因是因爲他們沒有即時掌握顧客訂單資訊，而許多訂單取消的狀況他們都在很久之後才知道。）

但是，這些公司會看到他們爲員工消除盲點及時間延遲所產生的價值嗎？員工也不希望被扯後腿，他們也希望能更掌握自己的命運。有多少的領導者會承諾投入發展一個**以員工爲中心**的RTEC技術呢？

這樣的選擇並不是基於成本或技術的考量，其中的重點在於你對員工的時間、才能、自主權有多重視。在許多公司裡，一套以員工為中心的RTEC系統將會威脅到中階經理人的守門任務及工作的執行。員工可以由其中獲得各合作公司的即時資訊，從時程、優先順序以及人員的改變，甚至可能連預算都可以清楚掌握，如此他們可以做更多的工作來充分自我管理。

這一類的問題將會畫出極限領導的版圖。假設RTEC這項科技眞能發揮它所宣稱的功能，大部分的資深經理都會同意購買。但只有極限領導者，這位承諾要以符合員工工作需求來達成顧客及市場需求的領導者，會支持設計一個以員工為中心的使用版本。

如你所見，極限領導為你創造出的挑戰跟解決方案一樣多。既然如此，為什麼還要走這條路呢？

企業績效。答案在此。企業執行的議題大概不離以下兩件事：人的需求以及工作需求。而極限領導者兩者都同樣重視。

發展極限領導者

成爲極限領導者的秘密

極限領導者會找兩種人來做他的導師，一個是年紀只有他一半的年輕人；一個是比他年紀大一倍的長者。

找一個十五、二十或二十五的年輕人。這不是像奇異電子（GE）請科技玩家教「恐龍」有關網路的知識，不是那樣。任何具有先知卓見的年輕人都會抨擊資深主管根本沒有好好運用他們的才能。想想美國法學家奧利佛．溫德爾．荷馬（Oliver Wendell Holmes）所說的這段話：「世上大多數的實話都是由孩子口中說出的。」在人類的歷史上，年輕人（不管是小孩或是下一批新進員工）通常都會對權力人士說出實話。至於身負貸款或是有二．二個小孩在念大學的這群人，早就忘記怎麼做這件事了。

同時，也要尋找五十五、六十五或八十五歲的長者做爲你的另一位導師。探索長者行爲或言語間的智慧，但要仔細進行過濾檢視。如同日本俳句詩人松尾芭蕉（Matsuo Basho）所寫的：「不要跟隨長者的脚步，而是要探究他們追尋的事物本身」。

極限的開拓先驅

本章接下來的部分會介紹Trilogy軟體公司以及殼牌化學公司（Shell Chemicals）的財務主管，這些都是極限領導的開拓先驅。

Trilogy軟體公司是一家私人企業，提供美國運通、HP、Land's End郵購公司、以及諾基亞（Nokia）等公司的電子商務解決方案。該公司在一九八九年由執行長喬・李曼（Joe Liemandt）成立，曾經歷過所有高科技公司所經歷的艱困時期，最近解雇了三四〇名員工，相當於員工總數的三分之一。然而李曼說：「我們並不害怕進行公司重整。我們缺乏的技能還很多，我們會吸引具有這些技能的人才進入我們公司。」②

Trilogy以非常多的方式發展極限領導者，其中最著名的是他們的訓練功能。該公司成立了Trilogy大學（TU）作爲重整的一步，將潛在的客戶（如必治妥藥廠，Bristol-Myers）與新進員工進行配對，來找出Trilogy公司未來應該如何鎖定新市場。客戶公司

---

② 原註：見二〇〇一年六月一〇號的《奧斯汀美國政治家日報》（*Austin (Texas) American-Statesman*）。

會與新進員工一起討論各種細節，這些細節是大部分資深主管都不會談到的。

極限時代需要極限領導

「永遠要在工作上取代自己。教導你的領導者，他們的優先任務是要激勵團隊，並且協助他們成長。」③ Trilogy 軟體公司的執行長喬・李曼如是說。

說得眞好！但這家公司才剛解雇了一大半的員工。這些話會不會只是公司的公關用語？爲了要發掘這一點，我在長達九個月的時間之內，與該公司負責推動「李曼願景」的兩位負責人進行多次對話。這兩位是 Trilogy 軟體公司的人力資源主管吉姆・亞伯（Jim Abolt）以及 Trilogy 大學的負責人亞倫・卓曼（Allan Drummond）。

亞伯是在二〇〇〇年進入 Trilogy 軟體公司，其主要任務是要改造組織內殘存的網路公司思考模式。他過去曾在鋼鐵製造廠工作，這是一家叫菲多利工廠（Frito-Lay）的公司，而上一份工作則是擔任必治妥藥廠的領導發展部副總裁。李曼請他來組織內負責

③ 原註：見《極速企業》雜誌，二〇〇一年三月號第九十五頁。

解雇事宜，同時爲 Trilogy 軟體公司的領導建立更多的紀律。我們在他剛進入公司後不久進行第一次的談話。

領導者角色的改變　「我到處都聽到有人說，這太難了，所以事情沒法搞定。但對我來說，只要我們能夠協助領導者看到機會，讓工作變得更容易，並藉以創造出價值，員工一定能夠達成目標的。因爲眞正聰明的人喜歡創造價值。他們痛恨被卡在一堆沒有附加價值的雜事之中。」

「在知識導向或服務導向的公司中，員工工作是因爲他們喜歡那份工作。任何阻礙他們的事情，不管是含糊或差勁的管理，或是領導者創造出麻煩的流程，顯現領導者未能專注於建立簡單的工作環境，這些都會縮短員工做他們所熱愛的工作的時間。」

亞伯這些評論是遠在大解雇行動之前，而距離經濟復甦還一大段時間的時候說的。

亞伯現在還是這樣想嗎？

「當然！」亞伯毫不遲疑地回答：「領導者的工作便是要問自己：『我做什麼事會引發不必要的噪音、降低明確度？』『我做什麼事會讓員工與顧客的距離越來越遠？』『我可以用什麼不一樣的方式來做我的工作，讓我們的工作環境更簡單？』所有的領導者都必須要將焦點放在這上面！」

但是將注意力放在你軍隊的需求上，在經濟不景氣之中是否仍然有效？亞伯的答案堅如鋼鐵。在他進行第一波的裁員之後，他立即向其他的員工說：「我可以訓練一隻火雞爬上樹，但我寧願雇用一隻松鼠。」善加運用員工的時間，最高境界是要能瞭解哪些人最適合將公司帶往未來，哪些人不適合。

聰明的極限領導者只會留下組織裡的松鼠。

由顧客導向邁向顚峰　亞倫·卓曼是一九九五年 Trilogy 大學（TU）的第一屆學員，接著便被指定負責這項工作。他的任務不只是要訓練及發展人才。TU是 Trilogy 軟體公司用來驅動員工對公司類似狂熱或崇拜的情感連結，同時也不斷宣揚創新的精神。卓曼與他的團隊在這項任務上表現卓著，TU曾被《哈佛商業評論》（*Harvard Business Review*）選爲「未來的典型」代表。

接著，經濟嚴重衰退。儘管它的名聲仍然卓著，但TU很快地重新改造，將焦點放在顧客身上。「我們在發展極限領導者這件事上有獨特的收穫。」卓曼說：「我們過去太過專注在我們自己的企業文化上，因此現在我們要將眼光投向公司之外。」

「我們邀請顧客來指導我們的員工，應該將時間及精力在什麼時候花費在哪些地方。每一個學期參加TU的五〇位員工都要花一季的時間進行一項與顧客有關的指定主題專案報告。這是一種雙贏的局面。我們的顧客可以深刻瞭解有關技術面的知識，而且代價非常便宜！我們藉此與他們建立關係，同時也發展我們的領導者，讓他們瞭解市場需求，以及我們運用員工時間與精力之間更深層的連結關係。」

在進行第一個專案時，Trilogy 軟體公司找了亞伯過去的同事。他們邀請必治妥藥廠的電子商務策略部執行副總裁唐・海頓（Don Hayden）來與學員分享他遇過最棘手的問題。

海頓和他的團隊向TU學員介紹了一個製藥產業三〇年來無人能解的挑戰。用非醫學術語來說，就是如何在一個既定的顧客群之內（罹患某種慢性病的病人，例如高血壓或糖尿病）建立更豐富、更持久的關係，因此而獲得對等的營業收益。

這其中的挑戰在於，許多人應該要持續服用某些藥物，但他們沒有這樣做，這其中牽扯到人性。因為他們一兩次沒有按時吃藥時，身體並沒有因此發出立即的疼痛警訊，病人便認為他們可以把藥停掉。如果 Trilogy 軟體公司可以協助藥廠讓病人合作持續服藥，並且協助病人看到服藥與不服藥之間的效果差別，那麼藥品銷售及病人的生命都可以藉此獲得改善。

因此，五〇位TU學員開始花費三個月的時間，從病人、醫師，以及藥廠客戶的角度來探索這個極具挑戰性的問題。在學期結束之時，學員提出了幾個可行方案的初步原型，例如：徹底檢視必治妥的網路政策，將焦點放在建立醫師與病患關係上；或是創造一個無線的藥瓶蓋，可以傳輸資料到電腦去，讓醫師及病人都可以看到服藥後的狀況。另外還有人以電腦創造出一個化身，使用即時的病人資料來將服藥與不服藥的效果差別具體顯現出來，以及其他許多具有創意的可行方案。

發展極限領導者

獻身細節

麥克斯·杜普利（Max DePree）是美國知名辦公室家具製造商赫曼米勒傢俱公司的前任執行長。他曾在《領導是藝術》（*Leadership Is An Art*）一書中寫道：「身爲領導者，首要的責任便是要清楚描繪出現實狀況，而最後的責任便是跟員工說謝謝；領導者扮演的是兩者之間僕人的角色。」他的觀念深深受到羅柏·葛林利夫（Robert Greenleaf）的影響，葛林利夫在一九七〇年代發表了所謂的「僕人領導」（servant leadership）理論。

極限領導正是**做兩者之間的僕人**。另外再加上一點：「惡魔就隱身在那些細節之中」。極限領導者必須要審愼評估：自己先親身試用員工被迫使用的各種系統、工具以及流程。他們必須要衡量各種工作設計的有效度。他們必須要研究隱性職場裡的威力，並善加運用。以及更多更多……

極限經驗　「必治妥的團隊非常喜歡他們得到的這些建議。」卓曼說：「這次的機會開啓了他們從沒有想過的技術途徑，同時也開啓了我們與該公司合作的契機。」這樣的經驗同樣啓發了一種全新的方法，以一種全新的觀點來看工作細節。這些新的領導者並不直接使用工作表分析各項資源、時間以及決策計畫，而是針對每一項選擇提出辯論。然後他們會直接從顧客那邊得到回饋，瞭解這些選擇實際執行的狀況。

「我們公司的目標在追求百分之百的顧客成功以及五〇%的盈餘成長。Trilogy 軟體公司的每一位員工都非常聰明，瞭解那代表什麼。但要帶領一群眞正有才華、又非常獨立的員工——就像我們這裡的員工——一起找出哪些是達成上述目標所要做的事情，倒是需要花費一些功夫。」

卓曼做了結論：「現在，我們已經越來越以顧客爲中心，我們也往新工作合約的方向努力。」喬・李曼以及他的資深管理團隊正由TU學員身上學習到個人生產力的重要以及工作的組織方式，例如個人學習成長與新業務發展的關係、將員工納入資源配置所產生的力量、或是當員工與顧客互動越密切時，自然激發的聯繫感等等。

瞭解極限對話的價值　當我們討論到溝通這主題時，吉姆．亞伯對於 Trilogy 軟體公司與他前任公司中間的差別相當驚訝。他說：「天啊！我眞不敢相信這些人分享了多少的資訊！」該公司實踐了極限領導的另外一項基本教條：避免對話空白，並且要擔心沒有問題由下而上冒出。

如果你跟大部分的領導者一樣，那麼這些極限對話將會落在你的「舒適區域」之外。在過去，你習慣以命令的方式支配關鍵對話的用詞、時機以及規模。在新工作合約中，這種情況會變得越來越少。

想像在華爾街的一場艱困的「高峰」會議，頂尖人才齊聚一堂。想想看，他們會如何探究你究竟是怎麼揮霍股東的資產。若你對這些問題沒有準備好答案的話，你將會受到多少的嘮叨。不要懷疑，你剛剛想像的那個畫面就是才產二．〇型員工跟你「過招」的方式。他們對於自己投資於你的才產高度關切，也會深度挖掘你是否善加運用這些才產。

Trilogy 軟體公司不但完全瞭解這一點，他們還展開雙臂擁抱這種對話。亞倫．卓曼說：「我們建立了一個叫做 Leadership.com 的網站④，這是我們公司內部網路的一部份。這網站可以提供領導者各種生產力工具，就像是一個組織的儀表板，上面有員工論壇、趨勢媒體、調查工具，以及訓練模組等。公開的論壇可以讓我們由員工那邊獲得健康的『異議』，並瞭解有哪些地方需要改善。員工可以非常自由地詢問任何對公司管理團隊的問題，他們也期待我們有一些合理的解釋與回應。喬（李曼）跟吉姆（亞伯）已經清楚表示，維持這個網站上的對話持續進行是每位領導者的責任之一。」

這裡有一個非常棘手的對話案例。卓曼說：「我們最近開始思考一個新的薪資福利計畫，但這可能會改變許多人現有的薪水。對我們公司而言，成立一個薪資規劃小組，然後單獨運作所有事情是絕對不可能發生的。我們的員工會告訴我們：『嘿！這是我們的公司，把事情攤到檯面上來討論！』因此喬跟薪資部門主管便到 Leadership.com 的網站回答員工的種種問題，例如：

・請解釋這項計畫中與我們平時工作相衝突的地方在哪裡？

④原註：你可以在 Trilogy 的網站 www.leadership.com 看到對外公開版。本章中所引用的討論內容則來自需有員工使用者密碼進入的公司員工專用版。

・這項計畫要花公司多少錢？可以爲公司省下多少錢？

・你如何證明這是符合效益的，假如……

「他們不只想要瞭解這項計畫的內容，還會對設計的過程發表意見。因此喬在網站上貼了一個非正式的調查，請員工提供意見。舉例來說：『你希望薪資福利計畫多一點現金、還是多一點股票？』等等。這項小型的調查結果後來成爲發展這項新計畫的指導原則。」

卓曼接著說：「我們與其他公司與衆不同的地方在於，我們公司的公關部從來沒有寫過什麼『漂白』過的Q&A。所有的對話自然產生，沒有經過任何過濾，所有的員工及經理都可以突破既有的階層組織，針對員工認爲最重要的議題進行攻防。Leadership.com甚至接受匿名發表，這是達成李曼『**感受公司脈動**』的目標中，非常重要的一部份。」

透過Leadership.com網站，Trilogy軟體公司的管理階層將討論帶出大門緊閉的辦公室，攤在太陽底下討論。員工可以在此討論所有敏感話題，誤解也得以釐清。舉例來說，有些員工對於新的薪資計畫中有些許的誤解，而論壇中公開的對話就意味著他們的同儕會糾正他們（並且讓他們知道他們對這件事沒有「留心注意」），而不是一些充滿仇恨的人衝著管理團隊而來。

在Leadership.com網站，所有的對話都沒有任何禁忌。喬・李曼清楚表示，Trilogy軟體公司雇用的是心智成熟的成人，成人應該能公開分享機密資訊，並且能有健康但可能激烈的辯論。即使在違反信任的狀況下，也不能影響到這項企業文化。因此，當某位離職員工將公司一些機密的財務、銷售或顧客資訊張貼到公司外的網站看板時，Trilogy軟體公司並不會因此就將網站關閉。公司會馬上採取法律行動，要求外部布告欄刪除這些資訊，並且找出這位主事者。但這一切都並不違反公司最終的指導原則。

通過極限測驗的獎賞　極限領導會把你推出你的「舒適區域」之外，而且你會不斷接收到一些尖銳的對話。你也必須向你的顧客以及新進員工學習，學習如何運用你的營運資本。你要確認你賴以完成公司任務的這些人才知道你非常關心他們的時間、才能與精力如何運用。這是你將要面對的測驗之一。

然而，通過這些測驗之後，你所獲得的獎賞也會是超級大的。領導者是否能夠由更少的人身上達成更高的績效——這種能力在此刻格外重要。在本書付印之時，整體的經濟仍在衰退邊緣蹣跚搖晃。現在，消費者以及市場的信心全要仰賴你在達成目標之外，還能完成更多。任何一個領導者都可以削減人力、控制成本來達成更高的企業績效。但只有極限領導者可以在達成上述目標的同時，又提升了員工對工作的投入熱忱。

「當事件變得過度複雜、或變動得太快時，人通常會明顯地較難應付。」美國聯準會（Fed）主席亞倫・葛林斯潘（Alan Greenspan）在一九九八年的金融危機時如是說：「未能瞭解外部事件變化，勢必會導致脫離，不管是害怕進入一個黑暗的房間或是害怕市場的詭譎多變。」⑤

消費者、投資人以及你的員工都需要你打破完成工作路途中林立的重重障礙，這其中也包括了你是否能預先注意到會引起員工脫離或增加複雜度的事件有哪些。

發展極限領導者

你過去學到的每一件有關領導的事都仍然有效。我們夢幻中的領導者會激勵我們、啓發我們，塑造我們對未來的觀點。他們尋找人才、培育人才、留住人才。他們制訂清

⑤ 原註：語出《美國商業週刊》（*Bussiness Week*）二〇〇一年九月二十四號第四十三頁，"World wide, Hope for Recovery Dims"一文。

楚的目標，有效地與員工溝通，同時擁有高度自省意識、並且適度的授權，將焦點放在最終的結果上。通往極限領導者的道路上還包括了五個額外的責任：

1．常常需要面對極限的問題

發展極限領導者的公司，至少每一季都會針對這樣的問題進行辯論及深思：「我們是否改變的夠多，足以顯示我們尊重與信任周遭的員工？」員工要將工作完成所使用的所有事物都需要散發出你對他們時間、注意力以及精力的尊重。確定員工對此感到感激，並且隨時讓他們知道，他們的工作是重要的，這兩件事永遠是你工作清單裡的重要項目。但現在，展現尊重比什麼都要來的重要。

2．加入極限領導大學

奇異電子的老闆傑克·威爾許（Jack Welch）在紐約州克頓維爾市的管理發展中心，與未來的明星主管做意見的溝通與交流。這已經是過去式了。新的模式是：「極限大學」將顧客、第一線的員工與這些主管聚在一起，推動主管進入新層次的尊重。不管是用電子化的方式（如Trilogy軟體公司的leadership.com網站）或是面對面的意見交流，極限領導者都必須要瞭解，他們對於完成工作所必要的因素將會受到顧客及員工的質疑、挑戰，並可能需要改變。

3・經常捲起袖子，動手實作

數年前，我曾經由百事可樂（Pepsi）學到彌足珍貴的一堂課。爲了要確定我瞭解第一線的挑戰，他們要求我必須要在開始諮詢工作之前，花一整天的時間跟車送汽水到雜貨店去。我最近將這一個經驗運用在某一全球知名零售業的財務長身上：請他花一天的時間去某一零售點做出納。他對於店裡賺錢所必須要做的工作感到非常震驚。極限領導者從來不會感到震驚，他們會定期參與企業的日常營運，並且親自動手操作，體會公司的系統、工具以及流程到底是怎麼運作的。

4・尋找極限任務

對於未來的企業主管，目前的職涯規劃包括了國際性的任務，以及在不同事業單位或不同部門之間的輪調。極限領導者會被額外的工作訓練成傻子（對上級說眞話）、新數量專家（將焦點放在工作設計的資料上）、以及新人性專家（發展使用者導向的工具以及流程），還有其他更多更多。

5・重新定義「出場」規則

夢幻領導者會清楚定義出，在什麼狀況下應該放棄某一策略。他們知道什麼時候該出售哪些事業單位、什麼時候該解雇員工。但是極限領導者會更貼近工作本身。他們對於公司頂尖員工提出的種種回饋意見會投注更多的注意力，例如訓練與發展沒有跟上需求、或是內部基礎建設無法處理工作負荷、資源不足等等。

才產一・〇世界中的領導者如果考慮這些變數，會被視爲過於軟弱。他們最好雇用一群「人面獸心」的傢伙，不斷壓榨員工，直到未達成的財務結果活生生地擺在眼前，才願意承認失敗。才產二・〇裡的極限領導者可就聰明多了。他們會知道什麼時候就已算是失敗，遠在財務數字出現跡象之前便會收手。

數字管理者也可以很「極簡」

極限領導並不一定要有毫無節制的創新計畫或是組織總動員。極限領導可能只需要領導者捫心自問一個問題：「我是否改變的夠多，能夠實踐我個人的價值？」

我曾經進行過一次簡單的民意調查，請一些朋友舉出他們所知道的極限領導者。殼牌化學公司的助理財務長湯姆・昆斯（Tom Kunz）提出的人選是他的老闆，也就是公司財務主管以及代理財務長卡倫・哈杰（Karim Hajar）。昆斯說：「讓卡倫成爲極限領導者的原因，是他專注於協助我們完成工作，同時也對我們個人的發展投注相當的關切。在我一生之中，我從沒有在一個工作團隊中感受到這種水準的信任以及開放。」

這兩個人的工作地點相距千哩之遠，中間相隔著一個大西洋。接下來我用我們三個之間往返的一些電子郵件來告訴你哈杰的故事。

湯姆・昆斯推舉哈杰爲極限領導者　「我從來沒有在其他主管身上經歷過這種層次的信任以及開誠布公。卡倫讓這一切成眞，然而他是無防禦的；他很謙虛、也願意學習。我舉出幾項過去幾個月我觀察到的事情爲例：

- 他有永不倦怠、無窮無盡的精力。（有時候好像精力過剩！）
- 他建立起良好的模範，告訴我們如何用力工作、盡情享樂。他設定個人時間的界線，並且嚴格遵守。（他只有在週末時探望他的兒子，因此他幾乎不在那時候出差。）

・他非常的眞誠，從不假裝或隱藏任何事，同時努力解決所有的衝突。(他不只一次在我們的視訊會議之後打電話給我，爲的就是要確定我心中所有的疑義都已經解決了。)

・他邀請許多人指導他，包括爲他工作的我們。他眞心希望能夠變得更好。

・他認爲談判是非常有趣而且具有挑戰性的，但在過程中他從不會犧牲任何一個人。他從不接受界線不明的事情。

・他是一個**做事**的人，這一點呼應了極限領導者必須要『親身實作』的需求。透過這樣的身體力行，他充分瞭解工作完成所需要的各項努力。」

哈杰的回應：「湯姆，你的意見非常慷慨，我希望自己能像你肯定我一樣的肯定自己。但你的評論不夠平衡，我有幾項缺點是必須要提出來的。例如我習慣不給員工足夠的時間及空間去形成他們的看法，也常在資訊不齊全的情形之下太快做出反應。我也習慣將注意力放在令我感覺舒服愉快的人身上。我必須要做更多努力，來尊重我身邊的每一個人。另外還有一點：你推舉我讓我有點不好意思，雖然實際上我受寵若驚，但我很擔心會顯得有些自誇。」

昆斯：「卡倫說得都對，但他的不完美正是我認爲他是極限領導者的地方。重點在於：他知道還有哪裡要努力，也不會隱藏這些缺點，同時他會與他的團隊一起努力改善。」

昆斯又提出：「我在此要舉出另外一個例子。這是我們幾個人在跟卡倫開完一個重要而艱困的會議之後，他傳送給我們的電子郵件部分內容：

我要感謝各位在過去幾天以來，協助我進行這項有關評價的重要作業。最近我們在意見上有很大的分歧。這並非意味著我們不同意的程度有多大，而是在突然之間，我們都以不同的方式來詮釋變化，因而造成不同的結論。我知道你們感覺到非常挫敗，也對於我做的結論不以爲然。

我個人也對此感覺到非常挫敗，不是因爲你們採取了與我不同的立場，而是因爲：

- 未來，我跟你們的看法可能無法產生連結，甚至失去你們的看法。
- 我害怕自己因爲對你們過度授權而失去控制。
- 我害怕因爲我無法說服你們更加客觀，將會在組織內失去公信力。

這些狀況讓我越來越爲難、也越來越狹隘。

因此我非常高興你們挑戰我，並堅持你們的立場，不管你們有多忙碌、或是感到多麼挫敗。我要謝謝你們對我的大力協助！」

再次強調

並不是所有的極限領導者都有機會重新建立公司內部的基礎建設、或甚至全盤改變。但每一個人都可以問問自己：「我的行動是否跟上發生在別人身上的改變速度，包括我的團隊？」如果你像卡倫・海加一樣常問自己這些問題的話，放心！你已經在通往極限領導者的正確道路上了。

附記

我不會將這本書設定成只是一本企管書籍，我也知道我無法爲九一一事件伸張正義。撰寫這些文章正好是在事件過後不久，而可能要花上幾年的時間，我們才有辦法掌握在周圍旋轉的各種新改變的深度與寬度。

但其中一個後遺症已經很明顯了：幾乎每一個人都經歷了一種新的、折磨人的不確定感。你的領導從來沒有像此刻這般重要，領導方式的改變也從來沒有像此刻這般緊急。

我們已經進入了一個全新的不確定年代。你不可能藉由更好的規劃、策略或溝通就將這些不確定趕走。獲利已經不再是強而有力的保證了。每個人都知道他們的老闆跟其他人一樣，對於如何面對超過你公司掌控的事情一樣毫無頭緒。

但人們可以控制的是，他們可以選擇如何花費他們的時間、注意力以及精力。如果九一一有為我們帶來任何正面的影響，那就是讓你瞭解到你的員工對極限領導有多渴望。你必須要做更多努力，爭取他們的時間、信任以及精力。你也必須要做更多努力，確保他們能夠對自己的命運有更多的掌握。

在我們持續前進之時，美國海軍海豹特遣隊的海軍少校羅伯・紐森，發明極限領導一詞的人說了一句話：「我們準備要大展身手了」。

第三部　施工中…

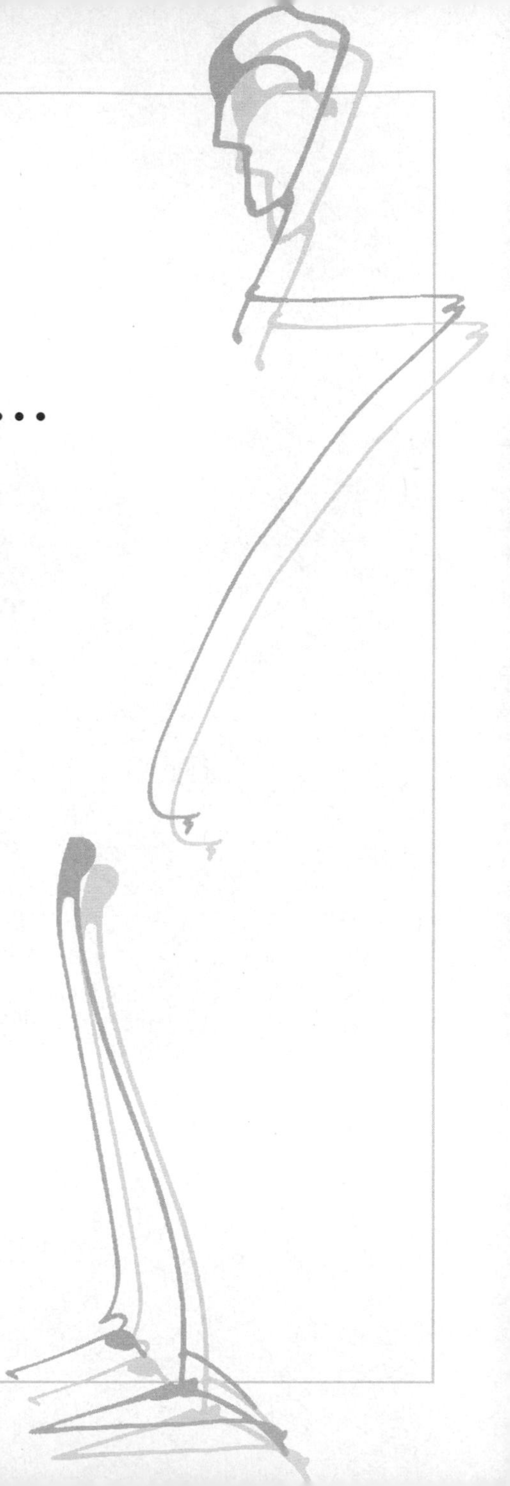

你已經獲得進入才產2.0世界所需要的一切了。

接下來的幾章是一些綜合調味：

多幾個故事跟路標，

來為我們指出新的方向，讓未來在我們眼前展開。

8

短篇故事

未來工作前瞻

本章的目標是要讓你多看些才產二・〇的實際案例，

多聽聽才產二・〇的實際聲音。

在我撰寫這本書的期間，我遇到許多對才產二・〇世界有獨到看法的人。

有些人遇到挫折，有些人卻旺盛成長。

有時候他們彼此會因爲要將焦點放在哪裡而產生衝突；

有時候又在黑暗中輕快地解決問題。

因爲篇幅有限，我無法將我所聽過的所有故事一一列出，

我能告訴你的是：要將我們帶向新工作合約的人都有一個共同的看法。

他們都瞭解，在才產二・〇的世界中，

有關價值、社群以及承諾等基本概念都將被賦予新的意義。

我絶對不是那種需要被針刺的人；事實上，我就是那根針。

——溫斯頓・邱吉爾爵士（Winston Churchill）

那些敢偏離軌道的少數人將成爲主要的危險。

——約翰・司圖・彌爾（John Stuart Mill），《論個體性》（*On Individuality*）

預先未來工作模樣的人……

故事一

蕾拉・梭爾，極限人事專家

藍十字，健康管理組織業者服務部主管

「在美容沙龍裡工作是我用來逃避的方法。」蕾拉・梭爾（Leila Sawyer）說。「十年前，我剛結束一段糟糕的婚姻。而當我傾聽其他女人談著她們的痛苦時，我發現我並不孤單。我幫她們修指甲時，我只是靜靜的聽她們說，因爲過去五年從來沒有人肯聽我說話。」

「大部分的人都希望你聽他們說，而你不要說太多話。因此現在，當員工跟我講話時，我絕對專心聆聽。我不會很快地插話，告訴他答案，因爲有些談話是不需要有解答的，只需要有人傾聽便足夠。」

當她自己的指甲沙龍事業結束時，她身邊沒有存款，兩個小孩也沒有醫療保險。因此她到客服中心接聽電話，賺取時薪六．五美元的工作，她去工作時都穿著正式的套裝。「我相信以正面積極的態度對待你自己是很重要的。」她說。她工作的第一家公司對她的能力大爲肯定，賦予她更多的工作，但不是什麼了不起的差事。其中一項包括了整理櫥櫃、還有將公司的紙類文件重新歸檔整理。「剛開始時，我常躲在洗手間大哭，我相信自己可以做比這些還要高檔的事。但後來我發現我的工作裡隱藏了一個更大的遠景，因爲我從中慢慢學習到這家公司是如何運作的。」

從那時候開始，這就成了她的一貫方法：由整理一家公司的資訊系統開始瞭解這家公司的運作，並將這些經驗移植到更重要的事情上。

梭爾現在是藍十字健康管理組織的中階主管，負責帶領公司的客服中心。在這樣的環境中，通常是以每通電話的處理時間——也就是你可以在多快的速度內解決問題——爲績效評估基準。這樣的環境也很容易讓人陷入草草了事、快速打發的固定模式裡。但她說：「我相信這裡必須靠我來協助每一個人，讓他們每天都能獲得成長。」

她很喜歡老闆告訴她什麼是她不可能做到的。「當我告訴公司的管理階層，我要花多一點的時間與表現較差的員工進行一對一的指導，他們告訴我：『妳沒有那種美國時間做這種事』，但是我排除萬難做到了。」她走遍整個部門，給予每一位員工個別指導，並且要他們研究自己與顧客交談的錄音帶，好找出改進之處。在短短幾個月之內，她交出了一張令管理階層刮目相看的成績單：她的部門品質保證比率高達九九・五％。她不但提升了部門的績效，也讓她的員工充滿了高昂的士氣。

讓蕾拉・梭爾成爲極限領導者的不只是績效數字而已。她深刻瞭解人們必須完成的任務與撼動他們靈魂的元素之間的關連性。「並不是所有人都有辦法處理眼前的每一個問題。」她說：「但每個人內在都有些令人渴望去相信的特質。我帶領整個團隊在我的羽翼下一起飛翔，而不是只有其中的一兩個。他們都值得我相信，他們都值得我更多的付出。」

故事二

賽恩・萊納，極限招募專家

idealab! 主管才能總監

在科技產業受挫之前，賽恩・萊納（Shayne Lightner）的老闆，也就是「理想實驗室」（idealab!）的創辦人瑪莎・古斯汀（Marcia Goodstein）以及比爾・葛羅斯（Bill Gross）曾是許多商業雜誌的封面人物，鋒頭極健。idealab!是企業孵化器的模範，專門協助初創公司「將好主意孵成好生意」。但這些光榮的時代已經過去了。葛羅斯在帳面上損失的是天文數字的金額。idealab!也跟大部分的科技公司一樣在倒閉風潮中掙扎，但該公司仍培育了一個由將近四〇家公司組成的網路。萊納的工作便是要爲這些公司招募到最頂尖的人才。

萊納說：「我可以用的最好例子，就是吸引頂尖人才所必須具備的條件。做爲一個企業孵化器，我們企業的模式是提供資金與機會，吸引優秀的人來經營自己的事業。即使在經濟環境改變之時，我們仍舊能找到這一類的人。對某些公司來說，優先認股權已經不再像從前那麼吸引人了，但某些型式的股票還是有一定的吸引力。我們無法擦掉過去幾年來的趨勢：員工希望對企業經營有更多的參與。因此，即使你不會看到他們擁有股權，但你會持續看到他們想在這些影響他們的決策上擁有更多影響力。」

「優秀的人才會吸引優秀的人才，這是少數幾個永恆不變的事實。比爾與瑪莎持續吸引了非常棒的人才、很好很有趣的人才，一些你就是會想要跟他們說說話的人。對我們而言，這大概就佔了招募遊戲的六成比重。」

個人化工作模式是否會對他的招募工作造成影響？「以生產力來說，對管理階層的影響不大。但我的確看到這跟薪資和其他福利的關係。我們會爲每一位員工量身訂作適合他的所有事物。」

他接著說：「在我看來，這份新工作合約最大的意義在於創造**社群**這個概念。網際網路徹底改變了人們彼此產生連結的方式。我知道我們有能力維持科技的領先，因爲我們花了許多心力建立社群——不管是在個別公司裡面或是在我們整個網路的所有公司之間。他們之所以到這裡來，爲的就是無法自己建立出這類社群資源。」

在加入 idealab!之前，萊納是全球知名的跨國人力資源公司 Korn/Ferry 國際公司的合夥人暨管理總監。因此他會做以下的結論也就不令人意外了：「人才之戰的重點在於『誰是公司的領導者』。如果公司是由一群聰明、全面發展且靈活應變的人所經營，那麼他們就會吸引到具有這種特質的人才。」

故事三

塞傑．布林，極限 Google 人

Google 搜尋引擎創辦人

塞傑．布林（Sergey Brin）是 Google 搜尋引擎的創辦人，Google 是網路中最常被使用的搜尋引擎之一。布林爲了要自己保持體態輕盈，他的嗜好還包括了體操高空吊環。在二〇〇一年，他被 Women.com 網站票選爲「年度網路黃金單身漢」的第二名。他提到公司最大的失敗是，在公司初期就太快想要拓展到太多地點去。問及他母親會如何描述他的這項痛處，他說：「她會說我工作過頭了。」

塞傑跟賽恩・萊納不同，他反而不重視管理團隊的角色，而將大部分的重點放在眞正工作的員工身上。「我們現在剛剛超過二百個員工，因此這家公司的成就也是每一個個人的成就。透過這些最棒的人才，我們可以發揮出更大的影響力。加入Google的人必須要能與其他同事合作無間，並成爲一個讓人愉快的夥伴。我們非常努力地想要雇用具有不同嗜好、興趣及技能的人。舉例來說，我們有一位營運專家過去是腦科醫師，另外一位則曾在太空總署的噴射推進實驗室（JPL）工作。所以我猜你也可以說我們是在這裡做火箭科學、或是腦科醫學。」

當我問布林有關新工作合約裡的領導模式時，他所有的反應都是「有，我們就是這麼做的」，然後便跳回來談他的卓越人才。當我要他談談有關才產二・〇的細節時，他說才產二・〇最好的見證便是公司新進員工盧卡斯・皮瑞拉（Lucas Pereira）發給全公司的一封電子郵件。郵件的內容摘錄如下：

為了對所有的Google人表示尊敬，我想我最好花點時間，寫下「Google人新手上路指導手冊」，這也可以換一個標題，叫做「我爲什麼對於成爲 Google 人充滿感謝」：

- 我還沒有遇到一個 Google 人是我不喜歡的。如果你需要幫忙，儘管開口，你會發現有多少人無條件地對你伸出援手。
- 我還沒有遇到一個 Google 人是我不崇拜的。午餐時，坐在某個你不認識的人旁邊，問問他們過去完成過什麼，你絕對不會失望的。
- 每天都有使用者發送電子郵件給我們，感謝我們的貢獻。我們做的眞是件有意義的事：讓所有的人可以得到所有的訊息、避免審查、減少生活中的雜亂、並讓他們在網路世界中覺得好過一些，特別是年紀較大的人也不會被複雜的網路給嚇到。
- Google 人是聰明而有創意的一群，他們也傾向於將自己的創意展現出來，看看道格的標題、亞密的剪報、拉瑞的滑板車、艾德的玩具、朗恩的拿鐵圖畫、海瑟的白板、史溫的企鵝、伐木小組的鍊鋸、還有這棟建築物裡的其他新奇有趣的東西。
- Google 是在所有的人投入驚人的心力之下才有今天的成就的。由我們的創辦人到上週新進的員工，每一個人都各司其職、善盡職守。不要將我們的成功視爲理所當然，我們還有很長的路要走。停下腳步，聞聞玫瑰香吧！參加每週一次的曲棍球比賽吧。你還可以在什麼地方將你的執行長撞到灌木叢裡去呢？

這眞的是太美好的時光了。花點時間提醒自己，爲什麼我們會擁有這麼多要感謝的人事物。

謝謝大家。

盧卡斯敬上

故事四

麥克・溫特斯頓，同儕價值創新者

IBM的「創新加速器」

溫特斯頓的洞察力代表著你的許多員工在工作上貢獻的個人生產力、效率以及知識工作績效的精密。

他在巴西上高中及大學，並在俄羅斯完成研究所學業。在那裡，他開始在雷鳥國際管理研究所進行論文研究，成立了幾個軟體公司，並在數年前加入ＩＢＭ。他的研究重點在於經驗架構：研究公司的品牌、人員、任務等所有元件是如何組合起來的，以便創造出對員工及顧客的正面經驗。

他說：「你從他們身上可以看到許許多多的經驗，這一點眞的令人非常驚訝。透過這種將焦點放在人身上的方法，我們找出了許多缺失以及過度管理的活動。我們也可以爲員工創造出新的角色及工具，讓他們提供更好的服務給客戶，相對的也讓我們的股東開心。」由溫特斯頓的觀點來看，最棒的消息是「設計經驗的藝術及科學已經準備好要爆發出燦爛火花了！在這些經驗中含有太多的資料，可以協助我們改善生產力以及績效。」

每次我們在談話的時候，都會被ＵＰＳ的快遞打斷：溫特斯頓必須要有各種最新的玩意兒。他在ＩＢＭ的部分工作所需以及他個人的興趣都促使著他不斷尋找最新的科技以及合作的工具，幫助他讓自己及同事的工作更容易。

他同時也是ＩＢＭ在二〇〇一年推出的 WorldJam 計畫的幕後功臣。在這項計畫中，有五萬二千名的ＩＢＭ人同時在線上進行長達三天的腦力激盪。有人將此經驗稱爲「線上的伍斯塔克音樂會」。ＩＢＭ的執行長盧・葛斯特勒則將此譬喩成該公司研究圍棋的「深藍」電腦（Deep Blue），兩者皆具有能力協助ＩＢＭ發展成熟的產品線。

「由人們合作的方式中，我們可以學到的東西太多太多了。」溫特斯頓說。他舉了一個例子，強調對隱形人際社會網路瞭解的需求，以及採擷由合作產生的資料中而獲益的機會。「就像偵探使用通話記錄來找出誰提供誰情報一樣，企業在經過員工的同意後，也可以觀察同儕合作中是否有什麼特殊的型態，可以將此與面對同樣挑戰的其他員工即時進行分享。舉例來說，如果雅莉西亞經常要跟喬溝通顧客的問題，而事後她又需要跟馬可再講一遍，我們可以爲原有的活動找出最好的做法，而解決特定的問題將會讓工作變得越來越簡單。」

不過，他也帶著告誡的口吻說：「高度合作的關鍵之一在於以**使用者爲中心**的設計。這代表著公司管理團隊的共識與承諾。舉例來說，在 WorldJam 計畫中，要讓五萬二千人不需費太大的勁便可以合作，這背後可是需要相當多的前置準備與設計。」溫特斯頓強調，管理者必須要投注相當多心力到合作當中，如此才有辦法從中獲得更多。「要讓事情變得容易，這任務可不太容易。」他做了這樣的結論。

故事五

約翰・麥卡特，同儕價值監護人

原野博物館（Field Museum）執行長

種子公司的前任總裁、伊利諾州的前任預算長、前白宮幕僚、芝加哥大學董事、老是喜歡談論蟲的傢伙、暴龍雷克斯的好朋友……將這些組合起來你會得到什麼？答案是約翰・麥卡特（John McCarter）。他掌管芝加哥的原野博物館，這是一家全球性的研究機構。他們的野地任務便是要在世界各處到處挖掘，並且執行雨林保育計畫。

我們談論即時、興奮及令人上癮的學習經驗，並請教他在非營利組織內這一方面的運作經驗。他說：「我們所做的一個基礎便是『多重智慧』這個點子。從小朋友到大人，每一個人都必須要被刺激、同時學習認知、情感與感覺的層次。而其中的挑戰在於，如何運用有限的資金將以上任務創造出最大的規模。我們最近由每年一五〇萬的訪客成長到二四〇萬人次。」

他可以面對上述挑戰，因爲他的組織內每個人都有共享的熱情。「我們的員工共有六三〇人，他們每個人都是眞實的信徒——我們眞的是站在拯救世界的十字軍隊伍中，每一個要加入我們組織的人都必須接受這個信仰。一旦相信這一點，困難的工作就不再困難，工作本身將會成爲員工最好的獎賞。」他做了以上的表示。

「我們使用科技來連結員工，以便增加任務的豐富性。透過衛星及網路科技，我在野地現場的同仁便可以對參觀的學童做現場示範。舉例來說，秋天時我們一位考古學家每天由中國發送一篇報告。我們將這個計畫稱爲『原野考察公司』(Field Expedition Company)。去年，超過一千二百萬的孩子加入這計畫。我們也協助老師運用我們的廣播及資料庫來設計相關的課程。」

這數字令人印象深刻。但麥卡特談到另外一個老師與學生的故事時，他的熱情更加倍顯現。「某位老師多年來對一個孩子的教學方式大傷腦筋。他已經四年級了，卻無法融入學習。他們有一回帶他來看蘇——我們的暴龍雷克斯。在參觀完博物館之後，這位老師經歷了她戶外教學中最可怕的一場夢魘——她找不到那個孩子。她在博物館內到處尋找，最後發現他跟一群幼稚園小朋友在一起，爲他們介紹：『牠叫做蘇，牠有四十五呎長，牠已經活了六千五百萬年了。』剎時他成爲一個小專家，可以協助其他人瞭解更多的知識。這對每一位老師來說都是一種神奇的魔力，對我們來說也是。」

麥卡特描述的正是一種同儕價值的終極表現：組織內的學習以及合作會以你想像不到的方式觸及人心。未來的人才之戰將會創造出如麥卡特及其團隊每年提供給上百萬訪客的這種有趣、刺激又令人上癮的學習。沒錯，你不是博物館，但你的訓練及發展模組正在與原野博物館、迪士尼的動物王國、或其他眞實而豐富的學習環境競爭，這一切都是爲了讓人們對你有更強的注意力。

在知識經濟時代裡，你已經不能只是領導或管理了。在每一次的溝通、每一次的業務、每一次建立的架構之中，你都在創造其他人用來解決問題的內容。你必須要創造出人們願意與其他人分享的內容與經驗才行。

幾位企業人士對新工作合約的觀察與看法

我們看到的路標……

「每天到了九點，我們會開一個二十一分鐘的會，在會議中指派各項工作負責人或教育訓練。最重要的是讓員工快速地得到他們所需要的協助，眞正尊重他們的時間。」

大衛・譚伯利，「同儕價值」創新者

Screaming 媒體公司

「在十年之內，青少年會有內建的權力來讓政府及公司聽他們說話。」

亞德恩・洪，「同儕價值」革命者

青年火星社主席

「作為領導者，我們必須要非常注意，我們在此是為了服務員工的，我們要確定他們手上擁有完成工作所需要的各種協助。我絕對同意個人化的工作方式是未來工作潮流。我們的工作複雜度每天不斷增加，人們將無法忍受一個草率的領導者。他們希望有更個人化的工作，讓他們可以發揮潛能，做到最好。另外，我也看到員工不斷向他們的領導者施壓，想要瞭解『我們可能贏嗎？』他們會問：『我為什麼要把我生命的X個小時奉獻給你？你值得我這麼做嗎？』」

珍妮絲・韋伯，極限領導者

摩托羅拉個人網路群資深副總裁

「如果你不尊重員工，你將會一事無成。如果你尊重他們，就會萬事OK。尊重包括了工作環境中的每一個細節，例如幫員工移除工作中遇到的障礙。尊重也代表著將其他人納入執行階層的決策。我常跟我的秘書分享我遇到的挑戰：『如果是你遇到這樣的問題，你會怎麼看待它？你會怎麼設計你的團隊？成功會是什麼樣子？』我們周遭有太多聰明的腦袋，怎能不好好利用一下！」

妮娜・艾克維爾，極限領導者
康寧蘇利文公園研究礦物技術總監

「回饋是非常重要的。如果沒有回饋，人們的壓力及不舒服的情緒將會衝破屋頂。當我將焦點放在個人生產力時，員工對工作的擁有感高得讓我吃驚！」

克雷格・史蒂芬，「個人化的工作方式」倡導者
哈德遜灣公司電子商務營運總監

「自由。平衡。控制。這三件事是人們在尋找的事物基礎。不管他們的謀生工作是什麼，我曾交談過的每一個人都將焦點放在上述標準上。」

泰德・拉賓，「同儕價值」活躍者，「個人化的工作方式」倡導者
Guru.com 社群互動總監

「尊重人們的時間，這是我們遵循的指導原則。杜絕不必要的噪音，也沒有讓事情看起來很緊急的火警演習。做爲管理團隊，我們的工作便是要調節工作的優先順序。但老實說，說的要比做的容易。新工作合約是個很艱難的挑戰！」

朗恩・班森，極限領導者

「遊戲工作」公司總裁／執行長

9

才產 2.1

重視個人隱私

為什麼個人化的工作方式會被所有的領導者接受；

為什麼每一位領導者都必須要對接下來發生的事情特別小心？

我不會被人逼迫、被歸檔、被貼印、被索引、
被委託、被解除委託、或是被貼上號碼。

——六號囚犯，美國七〇年代著名影集《囚犯》男主角

西元二〇〇七年

「鮑伯，可以請你進來我的辦公室一趟嗎？」鮑伯不喜歡那種聲音。每當資深副總裁要跟人「關門懇談」時，就表示有事不妙了。

「鮑伯，要說這個並不太容易，但我必須要請你離開公司。」

鮑伯突然眼前一黑，倒抽一口氣，結結巴巴地說：「爲什麼？我的績效評估比任何人要好許多！」

「沒錯，不過當我們開始在線上追蹤你的時候，我發現你的經理花了相當多時間在協助你解決問題。」

「什麼？」這是鮑伯唯一能回應的字眼。他完全搞不懂那是個什麼樣的衡量方式，或到底有什麼重要性。

「跟你同一個主管的其他同事都懂得運用他們的線上工具來解決問題。但是你沒有這樣做。上個月，你用了你的經理十二．七九個小時的時間。我們也把上週二的小組會議攝影下來，你問的問題讓經理花了三〇分鐘回答你。三〇分鐘乘以在場的十七個人……

你知道那換算成我們的成本是多少嗎？」

鮑伯想要辯解，但這位資深副總裁繼續說道：「另外，再看看我們提供給你的各種工具……嘖嘖，鮑伯！上個月你只花了十三・五分鐘在A工具上、二十七分鐘在B工具上、二小時在C工具上。看看你的同事瑪莉亞，她可就是一個模範生了。她完全能在線上找到適當的工具做適當的運用，同時只花了經理一・四小時的時間。所以，鮑伯，你會被解聘，而她可以加薪！出去的時候別撞到門了。」

聽起來遙不可及嗎？一點也不　沒錯，為了增加戲劇效果，我在上述故事中稍微加油添醋了一點。但其中揭露的原則卻是千眞萬確的：類似鮑伯的境遇已經悄悄在企業界展開第一步了。

公司正在監看員工上了哪些網站，同時追蹤外界的布告欄或聊天室尋找員工「我恨我老闆」這種想法的蛛絲馬跡。根據美國管理協會（American Management Association）的調查，有將近七五%的美國公司會檢視員工的電子郵件、網路以及通話記錄，甚至以錄影機拍攝員工工作過程，藉以監視員工。這數字比一九九七年還要多出一倍。

根據管理招募國際公司（Management Recruiters International）的調查，受訪的公司中有四〇%使用監控軟體。有些使用程式來監看員工在鍵盤上敲打的即時訊息。例如他們可能會知道，某位員工開始撰寫一些危險、具攻擊的郵件，後來又改變心意、將它完全銷毀的整個過程。對員工而言，這些從沒有存在過，但對公司而言，這名員工可能已經被列在黑名單上了。科技技術的進步讓越來越多的公司逐漸逼近介於員工隱私和公司權利中間的那條線。

但監控鮑伯對公司不當的想法，或他如何使用公司的機密資訊都不是最重要的。眞正有價值的應該是收集這位員工的資料：使用這些他不知道被記錄下來的資訊來管理生產力以及全公司的各種活動。當你向個人化量身訂作的世界前進時，你會面對幾個棘手的選擇。你必須要運用你從員工及其活動中學到的東西。這是你保持競爭力的唯一方法。但是，你不能越過員工信任你的那一條線。

金礦裡的奇怪景象　在未來幾年，這個難題大概會這樣發展：

第一步：公司開始爲員工量身剪裁個人化資訊及計畫。他們發現這樣可以加速第一線決策的進行。

第二步：個人化的工具以及互動讓領導者比以前有更多的方法來管理員工。領悟力高的管理者將可以由這些資料看到其中代表的意義。這些活動資料包括了：

・員工用來作決策的工具
・員工在設定優先順序時，使用的是什麼樣的篩選工具或條件
・員工如何與他人溝通工作的優先順位及行動步驟
・員工如何刪除主管傳來的電子指令，甚至連開都沒開，等等之類的

人們完成工作的過程裏，其中細微的差別將會有越來越多的部分被揭開，同時可以提供公司進行詳細的檢視與觀察。腦力激盪將會以這樣的問題開始：「嘿！你知道我們可以用這個資訊來幹嘛嗎？」

第三步：公司主管確認過公司法之後，他們發現法律是站在公司這一邊的。員工在使用公司的電腦時，是沒有隱私權或能力去掌控他們電腦上的資料的。

第四步：老大哥，我們來了。許多領導者基於第三步驟，相信逼近公司追蹤個人隱私的權力極限不會構成什麼問題。世界上大部分的法律都對公司有利，而非個人。但隱私權及資料控制的議題在法律改變之前，將會在你頭上重重一擊。

你不應該以法律的角度來看這些事情。相反的，你應該仔細思考：爲了利用員工的這些資訊來增加績效，你會將利用資訊的那條界線劃在哪裡？千萬不要輕忽這個問題。除非

現在的公司行爲改變，而你對隱私權可以採取一個新的立場，否則在未來五年間，你將會經歷一場全新的、由下而上的革命。員工會針對你對他們資訊的瞭解與使用對你施壓。

領導者指南

如果隱私權對你很重要……

建立政策　清楚定義出你會對員工進行監控的資訊有哪些，你可能針對這些資訊做哪些事、不會做哪些事，當員工離職時這些資訊如何處理等等。

與員工溝通這項政策　廣泛溝通。清楚溝通。常常溝通。處處溝通。

讓員工有管道瞭解你所監看的資訊　如果你正在監看他們敲打鍵盤的內容、時間以及活動，那麼員工也有權利看到自己的這些資訊。

監控自己的活動　當可能的利潤以及成本的降低產生時，濫用或誤用的可能性也會增加。你在制訂這些政策時的謹愼也應該用來保護你的品牌。這些都代表著「你」這一個人。

員工指南

如果隱私權對你很重要……

希望你的領導者瞭解這一點。如果他們不瞭解，那麼以下幾點提供你做參考：

使用多個電子郵件帳號 使用個人帳號與工作夥伴討論組織政治敏感的話題。

退出 研究公司的隱私權政策。如果你的勇氣告訴你，控制你的資訊並不是一個雙贏的局面，相信你的勇氣，退出！

發問、發問、不斷發問 每多一種先進的新興科技，你的資訊就多一重被公司誤用的可能。如果他們可以監控你，你也必須要監控他們。

即使你的領導者瞭解、也在意你的隱私權，你爲什麼還是需要在乎這一點呢？**資料外漏！**禮來藥廠（Eli Lilly）最近外洩了超過六百名百憂解（Prozac，抗憂鬱藥物）使用者的身份。想像一下，像這樣無意間將你最私密的個人資料，例如你的學習習慣、長處、缺點、怪癖、以及在一九九七年跟老闆發生的嚴重爭吵洩漏出去，你會做何感想！

公司行爲簡史

「你已經完全沒有隱私了，認淸這一點！」史考特・麥尼利（Scott McNealy）幾年前曾經喊出這句話。因著這句話，昇陽微電腦的執行長成爲一個認爲個人資料不再隱私的代表人物。

到目前爲止，我們大部分被收集的資料都是與消費有關。Abacus 是線上廣告公司 DoubleClick 的分支機構，是握有全美家戶資料的公司之一。該公司追蹤及銷售各種個人消費資料，例如某人在家吃什麼、喝什麼、開什麼車、養什麼寵物、還有小孩的年紀等等。

靠著銷售你生活裡種種資料，Acxiom 成爲一家十億美元的公司。該公司花了三〇年的時間收集全美近九成家庭的檔案資料。在網上購物尚未風行之前，你可能透過寄回烤麵包機的保證書告訴他們你的資料。他們使用非常多這一類的資源來創造出相當豐富的檔案。他們會將這一類的資料以收費的方式提供給私家偵探去追蹤賴帳不還的傢伙、或是賣給威名百貨（Wal-Mart）來做爲商品陳列位置的參考，也可能銷售給賓士汽車以便確認出你是否是眞正的潛在客戶。

赫茲及Acme租車的例子可以讓你見識一下未來的消費主義是什麼樣子。這些公司已經開始監控你的多種行動，並依此對你做出懲罰或其他不利的舉動。假設你要開車到舊金山附近參加一個會議。當你去赫茲租車時，你告訴他們你計畫待在灣區。結果你和你的朋友沒去參加這會議，臨時決定飆到優勝美地國家公園去。突然，汽車音響中傳來一個非常關心你的聲音：「先生，你還好嗎？你是不是迷路了？」原來是赫茲租車的客服代表一路監控著內建於車內的追蹤系統，提醒你：你並沒有到你說要去的地方！

赫茲租車現在開始使用你提供的個人資訊來進行即時的存貨盤查，追蹤車輛是否被竊。你的隱私權被拿來與公司從追蹤中所能得到的利益相權衡，而公司當然希望從中獲益。

Acme租車則更進一步與執法單位合作。該公司的一位客戶詹姆斯・透納（James Turner）透過一個非常慘痛的經驗瞭解到這一點。詹姆斯在Acme租車，還車時收到一張四五〇美元的超速罰單，但是路上根本沒有任何警察把詹姆斯攔下。Acme車內已經內建一套系統，一路監視著詹姆斯的開車速度，並且在超速當時即時開出罰單！詹姆斯說：「他們跟蹤我跟了七州，我的隱私權嚴重受到侵害！」①

到目前爲止，我們還沒有多少人有透納先生的慘痛經驗。我們並沒有以什麼特別顯著的方式來抱怨我們的隱私權受到侵害。因爲，雖然我們漸漸會陷入麻煩之中，但到目前爲止，對自己的資料失去控制並沒有對太多人造成太大的影響。

這種缺乏警覺意識的情形也同樣存在於職場，因爲大部分的人並不會去光臨色情網站或是發送一些卑鄙的郵件。大部分的人並不害怕公司窺視他們的一舉一動——到目前爲止是如此。如果你可以瞭解其中的金礦所在，一切情形都會有所改變。當你開始使用個人化的互動來挖掘更多員工做什麼、怎麼做的資訊時，各種好的、壞的、醜陋的一面都將逐漸由你的企業文化中冒出來。

未來是可以預見的　如果我們想由公司對消費者的行爲中，得到一些結論好運用到職場上，我想應該是：你將會使用個人化的資料來瞭解如何增加利潤、降低成本。這是遲早會發生的事情。

九一一的攻擊事件也加速了這些改變。大部分的人都願意喪失一些隱私權來確保自

---

①原註：出自《華爾街日報》二〇〇一年八月二十八號B1版的"Big Brother You're Speeding"（老大哥知道你在加速前進）一文。

身的安全。而這種對自由的宣告放棄，將會使人們在職場上面對更詳細的監控。人身安全是一回事，侵犯隱私權而從中獲利又是另外一回事。

因此，現在你面臨了選擇：從現在開始設計有關個人化工具及個人資料的使用政策，或是等到遭受你的競爭者攻擊之後，再作亡羊補牢的動作。

如果你眞的想要開始，以下提供你一些指導原則。

新時代已經出現

「要在這時代成功，有兩件事是千眞萬確的。」沈默知識系統（Tacit Knowledge System）的執行長大衛・吉爾摩（David Gilmour）說：「第一，公司的內部基礎建設及其收集的資訊必須對員工有益，而不僅只是對企業有益。第二點，對於你承諾爲第一要務的事情，員工必須要相信並且能信任你。」

吉爾摩花了相當多的時間思索有關個人資訊的控制。Tacit公司研發的軟體可以由每天的電子郵件對話以及線上的合作內容中，採掘出那些不出聲的知識（現在知道爲什麼公司要叫做「沈默」了吧!?），同時將這些資訊提供給所有的員工共享。基本上，就是窺探員工交流，從裡面挖寶，同時協助所有的人更快地學習以及進行合作。沈默公司近期的客戶包括了 Texaco 石油公司以及惠普公司（HP）。

假設你的一個小組花了相當多的時間在研究某個客戶的問題，彼此常以電子郵件往來討論。在其他的知識管理系統中，爲了要讓公司運用這個小組學到的知識，他們可能會先將問題列出，然後逐條塡上他們會採取的行動並記錄結果，最後將它張貼在公司的系統內。但沈默公司所設計的其中一個產品可以尋找公司郵件中的型態，確認出這個人跟這項資訊對於解決某個顧客問題有關鍵性的關係，接著便組織好這些資訊以供其他人使用。

吉爾摩認爲**人文先於科技**。他說：「如果你想要引進我們這一類的科技，但是卻還沒有贏得員工的信任，那麼你根本無須考慮這項科技。最基本的指導原則，恐怕也是唯一的原則，就是你必須要在設計的過程中，將員工的需求謹記在心。每一件事都牽涉到你的員工對你所作所爲的認知，以及你如何展現出自己是可以被他們信任的。這也就是爲什麼我們科技中的登入（opt-in）部分之所以重要的原因了。

「我發現，在大部分的公司裡，並不是經理沒有想到這一點，而是他們沒有追蹤要創造一個能讓員工完成偉大任務的環境到底需要什麼。他們被身邊其他瑣事纏身，而那些都不是因為缺乏相關科技的原因。」

有哪些瑣事呢？吉爾摩帶我們回到隱性職場中。「我相信一個偉大的公司通常都會有兩個世界，一個是公司建立的正式且精密的流程，另外一個則是由員工建立的非正式的、即興的人際網路。每當員工在使用電腦或是電子化工具時，他首先可以完成公司賦予的任務，但接著應該要能豐富他個人追求的優先順序以及資訊，並且在每天都能獲得新的啓發。這些細節——也就是公司可以投入在非正式連結之中的努力，以及員工如何為他們自己創造新的啓發——這些都需要你投注更多的注意力。」

開始行動

我們這裡提供你一個簡單的查核表，必要時可以使用。首先，確認你有一個清楚的隱私權政策，清楚定義了公司可以使用從員工處獲得的資訊來做些什麼、不能做些什麼。同時，也必須載明員工離職後，公司會如何處理這些資訊。第二點，確認你的員工擁有跟你一樣的權力，可以控制或取得他們自己的這些資訊。

事實上，關於這一點，應該做的工作項目清單其實散佈在本書各處。如果你想要從員工的對話、合作或活動中挖掘出有用的資料，同時仍能吸引並留住這些員工，你必須要能眞的具體實踐本書所提到的概念。做一個才產革命者。建立個人化的工具，讓所有員工都受益。創造同儕價值，展現出你的極限領導。

如同大衛・吉爾摩所說：「我們需要能夠同時展現願景及限制的領導者。人們的行為及期望是關於他們活動的知識與資訊，這些都是非常個人化的。要是能創造一個尊重這些看法的環境，這方向就差不多對了。要是你所做的事對員工是種侵入或干擾，那麼，在未來它們都會以不同的方式產生與你預期完全相反的結果。」

（還有…）

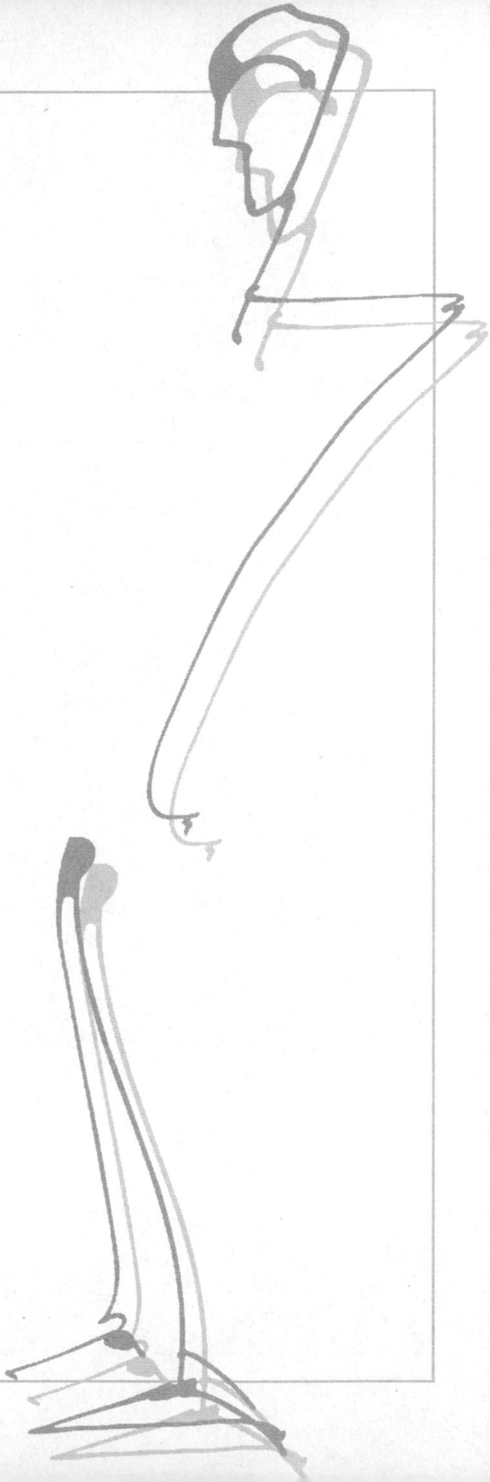

羅賓漢、丹麥、馬基維利、

ARPANET、亞基・邦克、MTV、全球化以及Y世代。

這些有什麼共同點？

見第241—257頁

管理者對新工作合約最常提出的問題背後隱藏了什麼？

見第257—258頁

才產2.0濃縮精華

見第259—260頁

平靜過去中的教條並不適用於充滿風暴的現在。這個時機充滿了困難，我們必須因此自我增強。我們面臨的狀況是全新的，因此我們也必須重新思考、重新行動。我們必須時時更新我們自己。

——亞伯拉罕・林肯（Abraham Lincoln）

A 工作的歷史演進

五十五個將我們推向新工作合約的紛亂時刻①

六千五百萬年前

1．恐龍絕跡：因爲缺乏足夠的合作以及知識的分享。

十萬年前

2．燧人氏發明火：階層以及權力的鬥爭於焉展開。

三萬年前

3．洞穴畫作：創造力與資本主義首度交鋒（進場門票：兩個貝殼）。

西元前九九九九—五〇〇〇年

---

① 原註：關於這份一覽表要非常感謝 Bernard Grun 所著的《歷史時間表》（*The Timetables of History*, *Simon & Schuster* 出版的修訂第三版）。Grun 提供的歷史資料和時間都是正確的，所有的扭曲更改則出自我的傑作。（這份時間表第一則是由某人所提供，可惜我現在已經找不到那封電子郵件。謝謝無名氏！）

4・第一間主管辦公室：巴貝爾塔（聖經中城市）。

5・人類智慧達到極盛：孔子、佛陀、索羅亞斯德（祆教始祖）、老子、猶太教先知、希臘詩人、藝術家、哲學家、科學家。

6・巴比倫成立第一家銀行，對所有發明物進行估價。

西元前四九九—〇年

7・通過儒略曆（凱撒大帝制訂之曆法）制訂的三六五・二五天，工作週數訂爲：一天二四小時／一週七天／一年五二・一八週。

西元〇—五〇〇年

8・有封面的書取代了卷軸：受到圖書館員的抵制。引進變革管理顧問。

西元五〇一—一〇〇〇年

9・中國人發明紙。這是保留最久的競爭秘密，歐洲有長達一千年時間籠罩在一片黑暗之中。

10・也發明了書籍印刷：律師終於告了德國的某個傢伙。

11・重新設計工作天的速度：繹馬郵政建立，專爲法國皇室擔任信差。

12・城堡成爲第一個團體校園。

西元一〇〇一—一五〇〇年

13·北京出現第一個機械鐘（水力發電）。
14·全球品牌管理萌芽：丹麥使用第一面國旗。
15·績效管理開始：審判異教徒的宗教法庭使用拷打的刑具。
16·羅賓漢開始了第一個職場福利計畫，對組織內大多數員工造成打擊。
17·第一批玩票性質的網路人：鍊金術士。
18·古騰堡有人大叫：「這將是繼網際網路以來的最大事件！」
19·達文西發明降落傘，對管理階層形成打擊。
20·首度使用符號（＋與－）。
21·第一個資訊科技標準之戰：書籍出版業分裂為個別的產業：創造、印刷以及銷售。

西元一五〇一—一九八三年

22·尼可拉·馬基維利（Niccolo Machiavelli，《君王論》作者），世上第一位人力資源導師。
23·莎士比亞推出領導發展系列：「亨利」系列、「理查」系列、約翰王、泰特斯·

安德洛尼克斯、裘力斯・凱撒、馬克白、哈姆雷特。

24・第一間坐廁問世。

25・伽利略因異端邪說遭到審問：企業的成功是以員工爲中心旋轉；員工則依卓越的領導者而旋轉。

26・彼得・米紐特（Peter Minuit）以二十四元美金買下華爾街與時代廣場，後來成爲全球貿易的中心。（殖民地居民使用西班牙的八塊爲單位，因此現在股票報價是八進位而非十進位。）

27・企業的街頭首選解藥：第一家咖啡店在牛津開張。

28・喬瑟夫・吉勒坦（Joseph Guillotin，倡導使用斷頭臺執行死刑者）找到了處置績效不彰員工的較佳方法。

29・瓦特完成蒸汽引擎的設計，埋下日後工業革命的種子。

30・薩姆爾・摩斯（Samuel Morse）31・愛迪生以及32・貝爾都有得意的舉世之作。

33・法國確立每天工作時數爲十小時（這是怎麼回事？）

34・全球禁止女性上夜班（同上）。

35・週末的概念首次在美國出現。

36・管理階層雇用科學管理之父佛德列克・泰勒（Frederick Taylor）讓工作一一恢復軌道。

37・第一個「終止所有戰爭之戰」，如下例。

38・徹底改變了生產方法、創新與效率的標準。

39・華爾街股市大師稱十月二十九日爲「回落」。②

40・電子數位積算機及電腦（ENIAC）計算二次世界大戰的發射及飛彈射程：資訊年代在賓州大學誕生。

41・同年，我們讀傑克・凱魯亞克（Jack Kerouac）的《旅途上》（*On the Road*），美國國防部成立高級研究計畫署（ARPA），發展出連結各地電腦系統的ARPANET，後來又進一步發展成爲網際網路發展的基礎。

42・在伍斯托克音樂會的前一年：著名設計師夫婦查理斯與雷・因斯成立的公司粉碎了「很難將個體與複雜的企業版圖相連接」的迷思。他們創作出令人興奮的

---

② 一九二九年十月二十九日美國股市大跌，不僅粉碎當時股票市場的榮景，還造成有史以來世界最慘重的金融危機。

「The Power of Ten」，其中打造了一個「連結」的模型，其中的意涵便在於「所有的連結都必須由個人開始。」

43‧艾文‧托佛勒（Alvin Toffler）在《未來的衝擊》（*Future Shock*）一書中預言了知識工作的黑暗面。對於資訊及選擇超載的預言終將成眞，引發出的根本原因問題會比管理階層願意承認的還要多出許多。

44‧電視劇《*All in the family*》（一九七〇年代美國電視劇，爲美國史上最具影響力的電視劇之一）比電視的發明造成的改變還要大。該劇促使深度社會議題由巴士、農村或午餐吧進入職場中。劇中人物亞基‧邦克所坐的椅子可以說是多樣化的現代發源地。

45‧MTV比在月球上插旗子還有影響力。這證明了在未來二〇年，人與點子可以做到的最好的與最差的整合結果。它強調了對物質的包裝、對眞實啓發的視覺刺激，並加入社會注意力不足的問題，同時也以超炫、刺激、娛樂和震驚的效果來抓住我們的靈魂。妥善管理這些極限之間的緊張關係將會成爲才產二‧〇職場上常見的挑戰。

46‧公尺被官方定義爲一／二九九，七九二，四五八秒的光速距離。管理階層大表驚訝，將公司速度與績效衡量系統帶領到一種幾近強迫症的地步。

西元一九八四年至今

47・超級盃訊息代表了「結束」的開始。「今天，我們在此慶祝『資訊精鍊指令』光榮的一週年紀念。在人類歷史上，我們首度創造了一個純淨的意識型態花園。在這裡，每一個員工都可以成長，免受那些爭辯對立或令人困惑的害蟲侵犯。我們在思想上的統一比世界上任何軍隊都還要有威力。我們是一個整體，具有統一的意志、決心與動機。我們的敵人應該自己投降，我們會用他們自己的混亂及騷動埋葬他們。我們會獲得最後勝利。」③

這聽起來是不是有些熟悉？上述引述的話並不是來自你上一季的會議。這則一九八四年蘋果電腦的廣告（向喬治・歐威爾（《一九八四》作者）致敬）預言了個人即將擁有越來越高的權力，這種力量將會勝過軍隊、勝過過去不太動腦筋的大眾。女神透過對老大哥的猛擊來傳達這個訊息。

當這個廣告首度播出時，大眾的電子威力還不怎麼強，跟產出報表、工作表及

③ 原註：出處見 http://www.uriah.com/apple-qt/1984.html/

拼湊藝術差不多。管理階層仍握有所有實際的工具，沒有必要與員工分享權力或控制力。

從那時開始，網路以及所有大受歡迎的應用軟體，例如電子郵件以及行動電話、各式無線及耐用的工具已經改變了人們對自己賦予權力的方式。時值今日也幾乎包括了全部的知識及服務工作者。

根據麥肯錫企管顧問公司（McKinsey）最近的一份研究，在工作面試的問題中，自由與自主性的排名已經與薪資福利並駕齊驅、甚至有所超越。麥肯錫同時也發現，爲了要吸引及留住這些具有高度需求的人才，公司需要創造更多的機會來影響公司決策、建立業務、並且在財富的創造上進行分享。

或許花了二〇多年才引起注意，但是才產一・〇的尾聲在一九八四年的某一個星期天響起。現在，具有大錘子的人已經成爲重要的多數人了。

48・成功愈趨複雜與困惑，迫使你做出新抉擇。現在，員工和雇主都在滿心困惑的改變、氣餒以及困惑的決策中搏鬥，擁有的時間越來越少、也越來越不知該如何做。這些都使得我們很難在一億分之一秒的時間內對成功達成一致的看法。

「這裡沒有什麼殘忍的陰謀。」羅伯・萊奇（Robert Reich）在《賣命工作的誘惑——新經濟的矛盾與選擇》（*The Future of Success*）一書中提到。所有的困惑以及改變都是自我們做爲消費者時所要求的事物中產生的。「當我們是買方時，如果更容易轉變到更好的選擇，那麼當我們是賣方時，就越難留住每一個顧客、保留每一個客戶、把握每一個機會、拿到每一張合約。結果，我們的生活變得越來越瘋狂。」他說。

萊奇繼續說：「如果我們願意，我們可以重新評估對成功的定義。我們可以堅持生命價值不等同於淨值……如果我們願意，我們可以選擇更爲均衡的生活、創造更均衡的社會。問題在於：我們到底想不想這樣做？」④

答案是：許多頂尖人才正在重新選擇對成功的衡量標準。這裡沒有陰謀，我們只是可以更容易地將焦點放在個人成功——成功定義因人而異——而不是跟著公司製造的波動變化起舞。萊奇是這麼說的：「當我們的盈收變得越來越無法預期時，我們需要掌握每一個改變，以便把握每一個時機。」

---

④見羅伯·萊奇所著的《賣命工作的誘惑——新經濟的矛盾與選擇》（*The Future of Success*）Alfred A. Knopf 二〇〇一年出版。

這種現象將會以更多樣、更複雜、更具衝突的方法顯現。即使不景氣的經濟會拉住員工轉換工作的意願，他們不會因爲待在你的公司而獲得更好的報酬、肯定或是個人成長，只會面對越來越多的工作以及越來越少的工作夥伴。你可能會削減成本，但他們也會將個人化工具以及新工作合約的其他部分視爲能夠達到你要求的報酬、同時又可以對自己的命運有更大掌握力的唯一方法。

49・面對事實吧：沒有人投資夠多在中階經理人上。《首先，打破成規》(*First, Break All the Rules*) 一書根據蓋洛普研究的調查結果發現，在員工的滿意度與流動率上，直屬老闆比薪資或福利具有更大的影響力。根據 Spherion/Lou Harris 協會的研究，對老闆不滿的員工離職的機率是對老闆滿意員工的四倍。

現在，大部分的公司在發現這結果之後表現如何？最近一份 Linkage 的調查發現，當人力資源主管被問及公司內關於領導者及經理人的發展計畫有效性有多高時，有七二%的受訪者將自己的公司列在「尚可」到「需要大幅改進」之間。今日的中階經理人（留下來的那些）在你的組織裡角色非常複雜。很少有公司提供足夠的協助來發展他們必須要有的技能，以便在達成組織績效目標的同時、讓顧客滿意、又留住你的頂尖人才。既然具有這些技能及工具的經理人越來越少，個人化的工作方式以及同儕價值的創造就變得更重要了。

50．顧客滿意度教導人才價值匪淺的一課。當你是一個顧客的時候，你一定曾經有這種感覺，我們都有這種感覺。沒錯，你在某幾個時刻的確是蠻開心的。但大部分的時候，除非你是付費買什麼高檔的服務、或在一個很小的城鎮裡購物，否則，顧客服務品質持續在惡化中，而且看來簡直無止無境。現代的經濟型態逼迫著大部分的公司盡可能的自動化，盡量讓顧客自己來，或將服務項目一一拆開，分別計費。

驚訝吧!?你會發現，這種服務品質的滑落與你在未來的人才之戰中看到的態度是有直接關連的。

你最希望延攬到你公司的人才，每一個人在生活中都買過東西。在這幾十年中，與逐漸低落的服務相隨的是，有更多的競爭等著爭取他們的目光、傾聽、錢包、以及心靈。這已經教會他們：如果他們向上施壓，他們可以得到更多。

「未來研究院」（Institute for the Future）在二〇〇一年進行的十年預測《新的消費者創造新的市場》中指出：「我們得到的關鍵觀察是：消費者將會以不同的方式運用資訊。他們在更多的通路中搜尋、他們偏好自己採取主動的聯繫、他們使用資訊來進行更多的實驗……他們開始學習個人資訊的價值。」⑤你最希望在這些人才身上得到的特質，如自我指導、自動自發、獨立思考等等，都讓他們成爲難搞的消費者。當他們買東西時，他們比其他人都要來的挑剔，他們淸楚自己要的是什麼，而如果他們無法得到，他們也會比其他人更快走開。當這樣的一群人到了工作職場，這些態度及需求不會有一八〇度的大轉變。如果你覺得這不公平——既然是員工，他們就應該要更懂事、更有耐心之類的——你就錯了。(員工給你的留言：「如果你想要退回這本書，請打電話給我們的顧客服務部門，你的來電對我們非常重要。請不要掛斷，所有人員忙線中，請稍候。」)

51・全球化：與溝通及團隊技巧有關。會有無可數計的全球議題影響你對有效競爭延伸的深度與廣度的追求。以下是幾個範例：

・根據哈德遜協會在二〇〇〇年所做的調查，以二十四歲年輕人的科技程度來說，美

---

⑤原註：見未來研究機構二〇〇一年預測第×頁。

國在全球排名十四，而俄羅斯、芬蘭、英國、新加坡、南韓則名列前茅。

・根據標準普爾DRI／企業週刊的調查，以最近的變動率來看，中國每人的產出將在西元二〇七八年超過美國。

但上述這些資料、或說大部分這類的全球統計數字都是由市場的觀點來看的。我們以個人的角度來看看這件事的影響。

爲了要確保速度、速率以及生產力，在工作職場上越來越常見到某個身處蘇黎士的員工將資料及專案傳給洛杉磯的工作夥伴，接下來再傳到新加坡的夥伴那裡去。這種模式將可以充分運用一天二十四小時的每一分每一秒。（如果對你而言不盡然的話，那麼你的競爭者一定不會陌生。）

如果你沒有密切將焦點放在增加同儕連結的價值，那麼，這些知識工作者如何能掌握工作的傳遞無誤？在全球化中，你的親身參與就意味著，你必須要建立新的技能、並創造出新一層次的溝通、對話以及連結。

二十一歲的珍妮佛·卡瑞羅便是在這樣的前提之下建立了一個全球性的組織（詳見第二章）。她將超過七〇個國家的人串連起來，並進行指導。她在演講時問了一個極具威力的問題：「如果讓你擁有一切資源，足以讓你完成任何你想做的事，那麼，你會做什麼、你又需要什麼？」

答案：大部分的人都說他們仍然需要增強與其他人產生連結以及合作的方式。

52・歡迎來到三十／八・七五社會。二四／七社會？算了吧！

MTV網路／Viacom（MTVN）最近完成了一項使用一天二十四小時的時間日誌的研究，樣本共四千份，四歲以上的美國人都被包括在取樣範圍內。一旦納入同時寄發電子郵件或參與視訊會議等同步性活動之後，我們可以將一週的時間延伸超過二四／七。

「我們已經找出將每天時間加長六小時的方法。」在MTVN負責研究企畫的貝絲・法蘭克（Betsy Frank）說。她將這種現象稱爲「行爲式聚合」（behavioral convergence）。

每天多六小時，一天將延長爲三十小時；或是一個禮拜變成八・七五天。歡迎進入才產革命！人們知道他們被拉往太多不同的方向，因此在工作上大受困擾，也導致他們無法將注意力放在真正重要的事情上面。因此他們只希望能在重視他們的時間及注意力的地方工作。

53・世代交替：Y世代進、嬰兒潮出。單就美國來說，每七秒鐘就有一個人邁入五十歲。在此同時，一九七七年到一九九七年之間出生的八千萬孩子中，已經有人開始進入職場了，而這將會創造出你前所未見的紛亂局面！

就紛亂的其中一面來看，勞工生活的議題將越來越重要，例如老年人的照顧、大學教育費用以及生活需求中的主要改變。而紛亂的另外一面：企業首次雇用一群在大衆市場、使用者導向經驗中成長的員工。從遊戲、娛樂、教育到購物，無一不個人化。這個世代不像過去任何一個世代，他們不願意接受任何不是爲個人量身訂作的工具或是資訊。

大部分的公司必須要面對這種跨世代的拉扯，Y世代——也就是網路世代——將會對個人化的工作方式以及同儕價值兩者爆發出驚人的需求。他們也會在你的組織裡扮演築夢者、反叛者、叛亂份子或是制度化的無政府主義者，這是每一個新世代出現時必然發生的狀況。但這一世代比從前任一世代有更多訓練者、而非被訓練者。他們帶來了對知識工作設計的精密思考，以及更多避開老大哥決策的方法，關於這一點，他們的法子可比X世代或嬰兒潮都要多出許多。即使是那些比較沒有機會接觸科技的Y世代仍會挑戰你做事情的方式。我最近主持一項Y世代的座談會，其中有位來自匹茲堡貧民區的十六歲女孩喬依・樂芙・海斯特。在她成長的地方，幫派群架是家常便飯，而她同學中有兩成的人懷過孕。她警告在場的人資主管以及線上的經理：「你們是無知的。因爲你們忽略了所有可以幫助我們的方式，但也因爲如此，你們需要我們的協助。」她說的沒錯。今天以嬰兒潮爲主的經理人太專注於短期績效成果，我們都忽略了正在改變的世界。

Upside 媒體的執行長大衛・伯耐爾（David Bunnell）同時也是該公司Y世代高峰會專案的負責人。他提到：「當我花越多的時間觀察這個區隔，我就越發現我過去預設的看法眞是錯的離譜。現在的年輕人有很深的理解能力、也比我想像的要聰明許多，眼光要敏銳許多。要打動這族群可眞的是一大挑戰！」⑥

你是否已經準備好要打動、吸引以及留住Y世代的人才了？

54・不穩定的經濟爲領導者築起障礙。新進員工以新的方式設計知識工作，而中階主管卻沒有得到良好的發展。員工當消費者時被訓練習慣了，他們要求特製的

⑥原註：見Y世代高峰會專案二〇〇一年三月。

個人化互動等等。這些因素並不會在不穩定的經濟中煙消雲散。裁員及降低成本的新聞並不會改變這些因素的存在與否，只是出現的方式有所不同而已。當你將不景氣的經濟和新工作合約背後紛亂的時刻相結合，壓力都會落到領導者身上。你必須要瞭解如何運用這些力量來達成更高的生產力。動作要快。

55・西元二〇〇一年九月十一日……

B　常見問題

關於才產二一・〇，最常被問及的問題：「我想我又可以重新掌握一切了。這是眞的嗎？」

親愛的瘋狂作者：

你瘋了嗎？你沒有看報紙嗎？員工沒有權力要求任何事情，他們只能要一點麵包屑而已。就我而言，個人化的工作方式是絕對不可能出現在我面前的。

祝好

掌管一切的主管

眼光銳利的主管：

感謝你提供我拼圖中少掉的那一塊！我在完成本書的各項研究以及訪談中，有一種型態的反應讓我非常為難。我聽到超過二十一家⑦成功企業的資深主管說出這樣的話：「千萬別告訴別人，我很高興現在經濟不好，至少我又可以掌控一切了。」

眼光銳利先生，我必須要承認，我並不感激你在經濟衰退前肩負的艱難任務。控制權一點一點流失到員工那裡去，那種感覺一定很糟。現在我們能再修正回來，眞是太好了，對吧？

現在我懂了。謝謝你教導我，艱困的經濟時機中，重點在於控制而非利潤。員工永遠不應該跟投資、才產，或投資報酬率這一類的字眼放在一起。

感激你的瘋狂作者

⑦原註：我不是隨口亂說的，這話的確是由各《財星》前五百大公司主管在未經詢問的情形下說出的。

C 才產二・○濃縮精華

你為什麼需要讀這本書

今日的經濟震盪波動，對你的企業及部門有著前所未有的打擊。工作的規則已被重新改寫。不確定的時代並不能掩蓋你使用員工的時間、注意力以及精力來作為營運資本、以達成你短期績效目標的這個事實，這些他們都知道。而你的最佳人才正在尋找更高的才產報酬率，他們要的不只是一份工作而已。

才產二・○為二十一世紀的領導者指出四盞明燈，這些規則將會銜接到知識工作的本質內。在此，基本的前提是：你最想要留住的這些人才非常在乎這些規則。他們正在看你——而不是等你——到底會怎麼做。

1・擁抱才產革命

員工正在計算，他們投注在你公司的各項才產——時間、注意力、創意、熱情、精力以及人際網路——每個月可獲得的報酬率有多少？每週、每天的報酬率又是多少？新的人才之戰重點就在於，誰能夠提供這些投資最高的報酬率？

2．建立個人化的工作方式型態

企業必須要將焦點放在個人生產力，而非組織生產力上。未來的工作是客製化、個人化、並且是爲每一個個人量身訂作的。

3．創造同儕價值

你的員工正在設立一種「無你」的合作新標準。領導者必須先在這種交流之中投入更多，才能期待有更高的獲益。你必須要在其中增加更高的價值。這意味著由下而上的標準將會主導你越來越多的預算以及策略。

4．發展極限領導者

未來的領導需要領導者表達意願，願意重視工作層次的細節，並接受員工的質疑與挑戰，藉此對績效背負起更大責任。

國家圖書館出版品預行編目資料

才產2.0／比爾・簡森（Bill Jensen）著；林宜萱譯.-- 初版-- 臺北市：大塊文化，2003［民 92］
面；　公分.（Touch 32）
譯自：Work2.0: rewriting the contract
ISBN 986-7975-69-3 (平裝)

1.人事管理

494.3　　　91023044

LOCUS

LOCUS

LOCUS

LOCUS